LA QUATRIÈME DIMENSION

Dans la même collection :

L'UNIVERS DES SCIENCES

LA QUATRIÈME DIMENSION

Voyage dans les dimensions supérieures

THOMAS BANCHOFF
traduit par Paul Decaix

POUR LA
SCIENCE
DIFFUSION BELIN

8, rue Férou 75006 Paris

*A ma femme Lynore
et nos enfants Tom, Ann et Mary Lynn*

Couverture :

Projection d'un tore quadridimensionnel dans l'espace, image conçue par Thomas Banchoff et Nicholas Thompson de l'Université Brown, en association avec Greg Berghorn, de Prime Computer Inc., *et réalisée sur un ordinateur* Prime PXCL 5500.

LA QUATRIÈME DIMENSION

ISBN 0-7167-5025-2 (W. H. Freeman and Company)
Copyright © 1990 by Scientific American Books, Inc.
Copyright © 1996 Pour la Science
ISBN 2-9029-**1883**-6   ISSN 0764-1931

Table
des matières

Préface

Depuis plus d'un siècle, l'existence d'objets de dimensions différentes de la nôtre – c'est-à-dire existant hors de notre espace tridimensionnel, dans des espaces possédant un nombre différent de dimensions – fascine. Ce livre aborde un certain nombre de thèmes relatifs à la notion de dimension, comprise selon l'un ou l'autre des sens exposés ci-dessus, et en explore différents aspects rencontrés par les mathématiciens, entre autres, dans leurs travaux. Les géomètres furent les premiers à imaginer des phénomènes se déroulant dans des dimensions variées, mais de nombreuses branches des mathématiques ont ensuite utilisé cette idée de façon fructueuse. Les scientifiques, les philosophes et les artistes y ont à leur tour puisé leur inspiration, et de nombreux exemples en seront donnés dans cet ouvrage. Ces dernières années, de très bons livres ont étudié en détail les usages du concept de dimension en physique, en philosophie et dans l'art moderne : certains de ces livres figurent dans la bibliographie en fin d'ouvrage.

Ce livre résume une quarantaine d'années d'engouement pour un sujet qui ne cesse de révéler de nouveaux aspects. Au départ «dimension» n'était qu'un mot mystérieux que j'avais découvert dans un épisode des aventures illustrées de Captain Marvel. Alors que Billy Batson, un jeune reporter, visite un laboratoire futuriste, un sosie d'Einstein lui déclare fièrement : «C'est ici que nos scientifiques étudient les septième, huitième et neuvième dimensions». Et Billy Batson (et moi-même !) de se demander : «Où sont passées les dimensions quatre, cinq et six ?» Peu après, une autre bande dessinée, Strange Adventures, me fit connaître le thème classique de l'irruption d'un être venu d'une dimension supérieure dans notre monde, comme si nous-mêmes traversions la surface plane d'une eau tranquille. Nous le verrons, ces idées apparemment bizarres interviennent également dans des travaux sérieux sur les dimensions. Beaucoup plus tard, j'ai réalisé que ces histoires étaient inspirées d'un essai désormais classique, Flatland, écrit au xixe siècle et qui reste la meilleure introduction à l'étude des relations entre des mondes de dimensions différentes.

En étudiant la géométrie au lycée, je découvris que la notion de dimension était un fil conducteur dans les mathématiques et, au delà, dans le monde qu'elles décrivent. Les plans des architectes et les cartes terrestres sont autant de tentatives pour transcrire sur une feuille de papier des informations relatives à des objets à trois dimensions, et je réalisai à la fois le pouvoir et les limites de ces représentations. Des formules pour calculer les aires et les volumes, ou issues de l'algèbre élémentaire, relient la géométrie du plan à celle de l'espace, et l'étude de ces relations m'inspirait chaque fois des généralisations à la dimension quatre et au delà. Lorsque j'étudiais de nouveaux sujets mathématiques, je m'efforçais toujours d'imaginer ce que ces diverses notions signifieraient dans des dimensions différentes, mais j'étais souvent limité par mon incapacité à me représenter ou à modéliser ces extrapolations. En découvrant les techniques inventées depuis le xixe siècle pour traiter les phénomènes des dimensions supérieures, je ressentais l'enthousiasme que ces idées suscitèrent en même temps que je réalisais leur insuffisance.

J'eus l'occasion, il y a vingt-trois ans, de contribuer à la représentation des dimensions supérieures lorsque, jeune professeur assistant à l'Université Brown, j'utilisai pour la première fois les ressources graphiques des ordinateurs. La possibilité de voir et manipuler des objets tridimensionnels compliqués sur un écran faisait de l'ordinateur l'outil idéal pour représenter les formes encore plus complexes dont traite la géométrie des dimensions supérieures. La matière de ce livre est constituée en grande partie par la description des techniques informatiques qui nous aident à visualiser les dimensions supérieures, visions qui étaient inconcevables il y a seulement 50 ans. Comme ce travail en géométrie accompagne la recherche dans d'autres domaines, les résultats concernant les dimensions supérieures seront de plus en plus utiles aux chercheurs et aux artistes. Certaines de ces influences sont décrites dans cet ouvrage, mais d'autres applications viendront bientôt.

Thomas Banchoff

1 | Introduction aux dimensions

Observée au microscope, une amibe (organisme unicellulaire commun dans les eaux dormantes) semble condamnée à une existence à deux dimensions, confinée dans l'étroit espace compris entre la lame et la lamelle. En la regardant de dessus, nous découvrons comment elle se déplace, rencontre d'autres créatures semblables, capture des proies et fuit ses prédateurs. La membrane cellulaire de l'amibe forme une ligne de défense qui l'entoure entièrement et protège son noyau interne des menaces que constituent les autres créatures de la préparation. Toutefois les mots *entourer* et *intérieur* ne signifient pas la même chose pour nous, habitants de l'espace à trois dimensions, et pour les habitants de cet espace quasi plat. Aucune amibe de la préparation ne pourrait entrer en contact direct avec le noyau d'une autre. Nous, au contraire, sommes capables d'observer ce micro-organisme de différents points de vue et d'en examiner les parties les plus intimes. Nous pouvons non seulement voir le noyau, mais aussi le toucher, ce qui surprendrait l'amibe et la laisserait perplexe, si elle avait les moyens de l'être. Notre perspective tridimensionnelle nous dévoile des aspects de cet univers microscopique que ne connaîtront jamais ses propres habitants.

Il y a un peu plus de cent ans, un petit livre brillant a exploité cette idée d'une interaction entre créatures de dimensions différentes afin d'inciter les lecteurs à se libérer d'une perspective limitée et à envisager de nouvelles manières de percevoir. Son auteur, Edwin Abbott, était pasteur et directeur d'école dans l'Angleterre victorienne.

Si nous observions de l'extérieur un univers bidimensionnel, nous embrasserions d'un seul regard toutes les parties d'une de ses structures, de même qu'un oiseau qui survole un labyrinthe en découvre le plan, invisible à quiconque s'y égare.

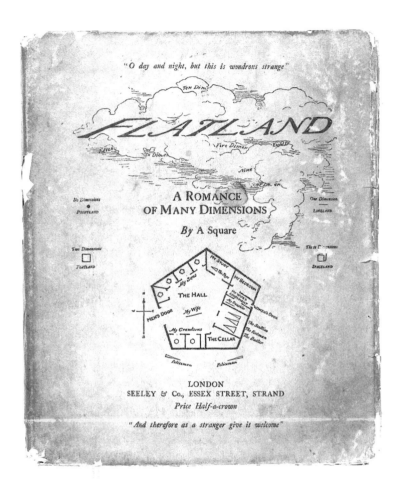

La couverture de la première édition (1884) de Flatland *invite le lecteur à un voyage dans les royaumes des nouvelles dimensions ainsi que dans la demeure bidimensionnelle de A Square, le narrateur. Bien que celui-ci ne puisse voir qu'une pièce à la fois, sa maison est toute entière offerte à notre regard.*

Chef de file d'un mouvement constitué dans le but d'offrir aux jeunes gens et aux jeunes filles de toutes classes sociales la possibilité de s'instruire, il était choqué par les comportements sociaux dominants et le point de vue des classes dirigeantes sur l'éducation et la religion. De ses cinquante livres, celui qui reste le plus actuel est son petit chef-d'œuvre *Flatland*, à la fois satire sociale et introduction au concept de dimensions supérieures.

Flatland décrit une race d'êtres à deux dimensions vivant dans un plan et ignorant qu'il puisse exister quoique ce soit en dehors de leur univers. La façon dont ils vivent, interagissent et communiquent constitue la trame d'une histoire fascinante. Le narrateur, *A Square* (Un Carré), fait un travail remarquable en expliquant sa société et son monde au lecteur humain, qui vit dans ce que *A Square* nomme *Spaceland* (Terrespace).

Sa tâche tient du prodige car s'il nous est difficile d'imaginer comment ce monde plat apparaît à ses habitants, il est impossible au narrateur bidimensionnel d'apprécier la réalité de *Spaceland*. Ainsi il ne peut concevoir que nous soyons capables de voir la totalité de son propre univers. A la manière d'un scientifique observant les mouvements d'une amibe, nous pouvons suivre les évolutions des habitants de *Flatland*. Nous découvrons d'un seul regard toutes les parties d'une de leurs maisons, ainsi que le contenu de n'importe quelle pièce ou de n'importe quel endroit clos. Pour les habitants de *Flatland*, nous sommes ceux qui voient tout. Rien d'étonnant à ce que *A Square*, entendant parler pour la première fois de cette faculté supérieure de la vision, l'attribue à des êtres d'essence divine.

Pour aider *A Square* à comprendre la vision exhaustive que procure la troisième dimension, Abbott propose une analogie dimensionnelle. Il demande à *A Square* d'imaginer la vision qu'il aurait de *Lineland* (Terreligne), un univers à une dimension peuplé de segments de droite. *A Square* verrait simultanément toutes les créatures de ce monde. Le Roi de *Lineland*, un long segment, serait extrêmement surpris si *A Square* le touchait en son milieu sans perturber aucune de ses extrémités.

De même qu'un être de *Flatland* voit l'intégralité de *Lineland*, nous avons, dans notre espace, une vision globale de *Flatland*. Dans le récit, cette analogie fait grande impression sur *A Square*. Il demande ce qu'éprouverait

A Square *regardant les habitants de* Lineland.

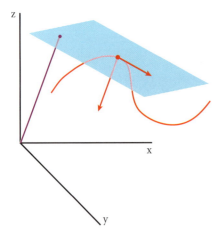

Dans un laboratoire moderne d'infographie, on explore la structure interne d'objets mathématiques complexes. Ces images montrent la surface podaire d'une courbe de l'espace à trois dimensions (exemple ci-dessus, en rouge), chaque point de cette surface correspondant à la projection orthogonale de l'origine (en mauve) sur un plan tangent à la courbe (en bleu). A partir du point rouge sur la figure entière (ci-dessous à gauche), nommé «catastrophe en queue d'aronde», des coupes successives montrent la structure de la surface podaire.

un être d'une quatrième dimension, «regardant du haut» et découvrant la totalité de l'espace à trois dimensions, l'intérieur du corps humain compris. Faut-il envisager ensuite des mondes à cinq ou six dimensions, voire davantage, chacun offrant une vision complète du monde qu'il inclut, et étant totalement soumis aux observations des habitants du monde qui le contient ?

Grâce à ces analogies dimensionnelles astucieuses, Abbott amène le lecteur à se poser des questions sur sa vision du monde et met l'accent sur l'aspect transcendantal du problème. Pendant plus d'un siècle, les mathématiciens et d'autres chercheurs ont spéculé sur la nature des dimensions supérieures et aujourd'hui, la notion de dimension joue un rôle de plus en plus important dans les activités les plus diverses.

Les multiples significations de la notion de dimension

Les architectes et les constructeurs d'un nouveau bâtiment calculent les quantités de moquette et de fils électriques et la capacité de la climatisation requises pour doubler la taille du hall d'entrée. Une équipe de radiologues examine une série d'images obtenues par résonance magnétique représentant l'évolution de la tumeur du nerf optique d'un patient après un mois de traitement. Un groupe de géologues, étudiant des modèles du réchauffement atmosphérique, reconstituent l'histoire du climat d'une région de la terre sur une période de dix mille ans. Un chorégraphe impose à ses élèves de danser en gardant le dos plaqué au mur. Dans un laboratoire d'infographie interactive, un professeur

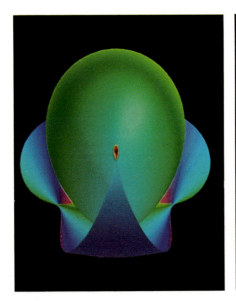
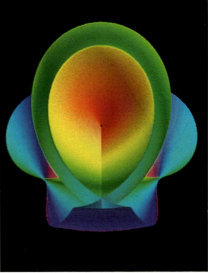
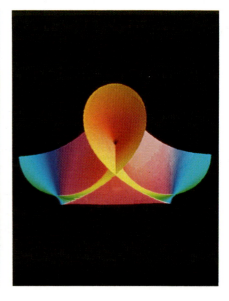

de mathématiques et ses étudiants en programmation adaptent la technique des jeux vidéo à l'étude des surfaces complexes. Comme nous le verrons dans les chapitres suivants, les activités de ces personnes se rapportent toutes à la notion de dimension.

Chacun des exemples ci-dessus illustre un contexte où cette notion intervient. Le mot «dimension» est utilisé de différentes façons dans le langage courant, et il a plusieurs significations techniques. Quand nous parlons de «nouvelle dimension», cela signifie presque toujours que nous étudions un phénomène donné selon une nouvelle perspective. Le mot est parfois utilisé métaphoriquement : par exemple, si nous apprenons qu'une collègue plutôt «unidimensionnelle» est une guitariste accomplie et qu'elle fait du tir aux pigeons, nous lui attribuons deux «dimensions de personnalité» supplémentaires. De façon plus conventionnelle, les dimensions sont des grandeurs qui servent à définir une position - par exemple, la latitude, la longitude et la profondeur d'un sous-marin - ou une forme - par exemple, la hauteur, les rayons au sommet et à la base d'un mât conique.

Une liste de dimensions peut inclure des caractéristiques de différents types : un gong de cuivre, par exemple, est caractérisé par son poids, son épaisseur, son rayon, sa fréquence fondamentale et son timbre. Nous mêlons les dimensions d'espace et de temps lorsque nous donnons rendez-vous à quelqu'un à neuf heures pile à l'angle du boulevard Saint Michel et de la rue des Écoles. Récemment, les physiciens ont envisagé des configurations à onze ou 26 dimensions. Les mathématiciens, eux, parlent de structure dans un espace de dimension n.

On se représente souvent les dimensions sous la forme de ce que les ingénieurs nomment les «degrés de liberté». Cette notion est implicite dans nombre de nos activités quotidiennes, comme la situation suivante l'illustre : une conductrice se trouve dans un tunnel, coincée derrière un gros camion. Un panneau lui enjoint de «Ne pas changer de file». Elle est limitée à une dimension et doit rester sur la voie de droite, bloquée par les véhicules qui se trouvent devant et derrière elle.

Une fois sortie du tunnel, elle peut de nouveau se déplacer dans deux dimensions : elle a, à présent, un degré de liberté supplémentaire dont elle use en changeant de file. Malheureusement, elle est bloquée peu après par les travaux de réfection d'un pont. Camions et voitures l'entourent de tous côtés. Elle souhaiterait accéder à cette troisième dimension libératrice où évolue un hélicoptère, indifférent aux embouteillages. En outre, les degrés de liberté de la conductrice ne sont pas limités aux dimension de l'espace. Elle regrette sans doute de ne pas avoir utilisé un autre type de dimension pour régler son problème : le temps. Si seulement elle avait planifié son déplacement afin d'arriver sur ce pont à une période creuse, sans embouteillage !

Tous ces aspects du concept de dimension ont quelques caractéristiques communes que nous verrons mieux en explicitant les relations qu'elles sous-tendent.

Les dimensions comme coordonnées

A presque tous ces usages du mot dimension sont associées des listes de nombres, ou coordonnées, qui précisent des quantités relatives à un objet ou à un phénomène. Ainsi la conductrice peut définir sa position dans le tunnel en notant la distance parcourue depuis l'entrée ainsi que le nombre de mètres qui la séparent du mur du souterrain.

Les coordonnées les plus familières sont sans doute la longueur, la largeur et la profondeur d'une boîte rectangulaire : ces trois nombres déterminent précisément la forme de la boîte. Grâce à eux, on peut construire la boîte ou encore l'imaginer avant qu'elle soit construite. Ce concept si familier des dimensions d'une boîte aide à visualiser des ensembles de données de différentes dimensions : une, deux, trois, et même quatre ou plus.

Dans nombre d'applications des mathématiques, de l'économie des dépenses de santé à la cartographie de galaxies lointaines, on effectue plusieurs mesures différentes pour chaque observation. Donner un sens à de tels ensembles de données est un problème majeur pour les scientifiques, et c'est dans ce domaine que l'expérience des mathématiciens en matière de visualisation des dimensions supérieures prouve son utilité. Dans les sciences de l'observation, les chercheurs doivent identifier des tendances et des structures sous-jacentes, reconnaître les régularités qui sont la marque d'un comportement prévisible. La vue est, dans ce domaine, notre faculté la plus puissante. Une des manières les plus efficaces d'utiliser notre faculté visuelle est d'interpréter la suite de mesures relatives à chaque observation comme les coordonnées d'un point dans un espace de dimension appropriée. On illustrera ce type de représentation par un exemple.

Pour connaître la taille des membres d'une famille, un nombre par individu suffit et nous pouvons noter toutes les coordonnées sur la même droite graduée, par exemple le montant de la porte de la cuisine. Si nous voulons indiquer à la fois la hauteur et l'envergure bras écartés de chaque enfant, nous pouvons écrire les deux mesures sur deux lignes graduées différentes mais nous serons bien mieux informés en inscrivant ces résultats sur une surface, par exemple le mur de la cuisine à droite du montant de la porte. A chaque membre de la famille correspond non plus un segment de droite vertical mais un rectangle dont la largeur représente l'envergure de l'individu. L'avantage de cette représentation bidimensionnelle est qu'un seul point du mur indique deux grandeurs, taille et envergure, associées à chaque individu. D'un couple de valeurs, nous sommes passés à une quantité bidimensionnelle. Nous distinguons mieux les rapports entre deux grandeurs variables quand leurs valeurs successives sont portées sur un même diagramme à deux dimensions.

Ainsi nous découvrons la relation entre les deux grandeurs précédentes en remarquant que le rectangle donnant la taille et l'envergure est, chez la plupart des adultes, à peu près carré. Ayant noté ce fait, nous pouvons diminuer le nombre de dimensions du système : il n'est plus nécessaire d'indiquer l'envergure puisqu'elle se déduit de la taille. Cet exemple simple illustre la démarche générale de la discipline nommée *analyse des données*.

Si, en plus de la taille et de l'envergure, nous désirons également noter la pointure de chaque membre de la famille, il suffira de déterminer la plus petite boîte rectangulaire contenant chaque individu debout, bras écartés. Le coin de la boîte opposé à l'origine définit une quantité tridimensionnelle qui regroupe les trois valeurs.

Nous prenons conscience de la puissance de ces représentations familières à une, deux ou trois dimensions quand nous les appliquons à des grandeurs autres que la longueur. Nous pouvons ainsi représenter les trois nombres donnant la taille, le poids et l'âge d'une personne par la même construction tridimensionnelle qui a servi à représenter les trois coordonnées spatiales, la taille, l'envergure et la pointure.

Nous disposons de méthodes éprouvées pour représenter des données de dimension un, deux ou trois : des marques sur une droite graduée, des points sur du papier millimétré ou des points dans l'espace. Comment faire pour représenter plus de trois mesures, par exemple la taille, l'envergure, le poids et l'âge ? Chaque membre de la famille étant défini par quatre nombres, dans quel espace pouvons-nous inscrire ces coordonnées, et comment visualiser ces enregistrements ?

En représentant les données sous la forme de points dans un espace à deux ou trois dimensions, nous faisons apparaître des relations que l'examen d'une longue liste de nombres n'aurait jamais révélées. Les systèmes de coordonnées constituent un cadre général où nous organisons nos observations et nous formons nos intuitions. Avant d'utiliser ces techniques de représentation dans des situations plus complexes, il faut s'habituer à manipuler des objets de dimensions supérieures à trois.

Progressions dimensionnelles

Quand nous considérons les dimensions supérieures, nous sommes tentés d'utiliser les résultats obtenus dans une dimension pour comprendre la dimension suivante. C'est ce que nous faisons inconsciemment quand nous tournons autour d'un objet ou d'une construction, formant une série d'images bidimensionnelles sur notre rétine, desquelles nous déduisons les caractéristiques tridimensionnelles de l'objet-source. Le maniement de dimensions différentes nous fait mieux comprendre ce que signifie voir un objet : il ne s'agit pas seulement d'ordonner un ensemble d'images, mais plutôt de concevoir une forme, un objet mental idéal. Nous allons appliquer cette faculté de représentation à l'étude d'objets qu'on ne peut pas construire dans l'espace usuel.

Flatland n'est pas le premier exemple d'analogie dimensionnelle. Platon considérait déjà la comparaison d'intuitions obtenues dans deux dimensions différentes comme un puissant outil de connaissance. Dans le septième livre de *La République,* Socrate et Glaucon débattent de l'éducation des gardiens d'un état idéal : avant toute chose, il faudra leur enseigner l'arithmétique et les propriétés de la suite des nombres entiers, puis aborder la géométrie plane, essentielle à ceux qui seront chargés des questions militaires ou de l'agencement des cités. Lorsque Socrate demande ce qui devrait suivre, Glaucon propose l'astronomie. Socrate lui reproche alors de sauter une étape fondamentale : la géométrie dans l'espace, discipline dont il regrette l'absence dans l'enseignement de son temps. Ce n'est qu'après être passé de la première dimension à la deuxième, puis de la deuxième à la troisième, que l'étudiant saura réfléchir aux mouvements des astres.

Platon avait compris la structure gigogne des dimensions et il connaissait l'efficacité de la méthode analogique pour découvrir des théorèmes en géométrie dans l'espace à partir de résultats en géométrie plane. Pourtant ce passage de deux à trois dimensions ne lui fit pas imaginer une quatrième dimension d'espace. Le pas fut franchi de nombreux siècles plus tard, au début des années 1800, quand des mathématiciens de différents pays conçurent de nouvelles géométries. L'invention des géométries non-euclidiennes ouvrit une brèche : ces géométries reprenaient tous les axiomes de la géométrie plane d'Euclide, sauf un. Une autre étape décisive fut franchie quand les mathématiciens comprirent que les géométries du plan et de l'espace n'étaient que les deux premiers termes d'une suite de géométries de dimensions de plus en plus élevées. Chacune de ces découvertes détruisait l'idée dominante selon laquelle le rôle de la géométrie se limitait à la description du monde physique. Faute de pouvoir se représenter les conséquences des géométries non-euclidiennes et des géométries des dimensions supérieures, beaucoup les rejetèrent. Des auteurs tels que Abbott, Karl Friedrich Gauss ou Hermann von Helmoltz inventèrent des analogies dimensionnelles afin de suppléer aux limites de l'imagination et de mettre ces nouvelles créations mathématiques à la portée de tous.

Voir l'hypercube

L'analogie est certainement l'idée dominante dans l'histoire de la notion de dimension. Si nous concevons clairement un théorème en géométrie plane, nous serons en mesure de trouver une ou plusieurs analogies en géométrie dans l'espace qui, en retour, feront souvent découvrir de nouvelles relations entre les figures planes : ainsi, aux théorèmes sur les carrés doivent correspondre des théorèmes sur les cubes ou les prismes à base carrée, et les théorèmes sur les cercles doivent être analogues à des théorèmes sur les sphères, les cylindres ou les cônes. Puisque le passage de deux à trois dimensions est si instructif, n'apprendrons-nous pas davantage du passage de trois à quatre dimensions ?

Dans ce passage aux dimensions supérieures, les mathématiciens ont suivi des chemins différents, créant des suites de figures analogues qui débutaient parfois très bas dans l'échelle des dimensions. Une des suites possibles commence par un point, de dimension zéro et sans aucun degré de liberté. Un point se déplaçant en ligne droite engendre un segment, l'objet unidimensionnel de base. Un segment se déplaçant perpendiculairement à lui-même dans un plan engendre une figure à quatre sommets, un carré, objet bidimensionnel de base. Pour continuer dans la troisième dimension, nous déplaçons le carré perpendiculairement à lui-même sur une distance égale à son côté pour former un cube, objet tridimensionnel de base. *A Square* serait incapable de se représenter cette étape, mais il pourrait la suivre sur le plan théorique et en déduire certaines propriétés de ce cube impossible à voir, par exemple qu'il possède huit sommets. L'étape suivante consisterait à déplacer le cube dans une quatrième direction perpendiculaire à toutes ses arêtes. Nous obtiendrions un objet quadridimensionnel de base, un hypercube, et bien que nous ne puissions plus visualiser intégralement le processus, nous savons que cette figure présenterait seize sommets. Le nombre de sommets de ces objets suit une progression géométrique, et la formule donnant le nombre de sommets d'un cube en dimension quelconque se trouve aisément.

Si nous considérons maintenant les limites de ces objets, nous découvrons une autre progression. Un segment a deux extrémités ponctuelles. Un carré est limité par quatre segments et un cube par six carrés. En continuant la série, nous concluons que l'hypercube est limité par des cubes, au nombre de huit. Le nombre de figures frontières suit une progression arithmétique.

L'hypercube existe-t-il réellement ? Les mathématiciens estiment qu'ils n'ont pas à répondre à cette question. Ils peuvent déterminer le nombre de sommets et de figures frontières des équivalents du cube dans n'importe quelle dimension, que ces objets correspondent ou non à une réalité physique. Toutefois, ces suites de nombres n'apaisent pas notre curiosité. Dans les

On obtient l'équivalent du cube en dimension quelconque en déplaçant le «cube» de dimension inférieure perpendiculairement à toutes ses arêtes.

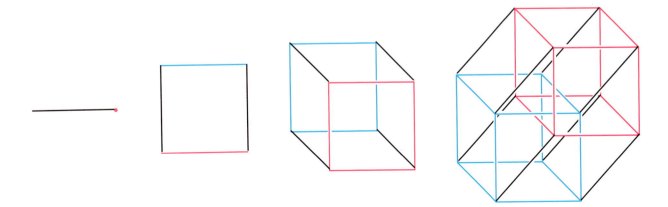

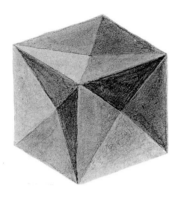

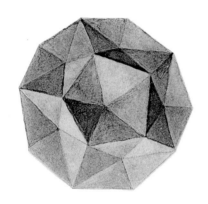

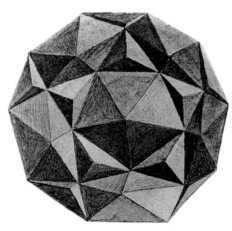

Dans un article écrit en 1880, William Stringham utilisa les techniques de la géométrie analytique afin de dessiner les images de projections partielles dans l'espace tridimensionnel de figures régulières à quatre dimensions.

géométries du plan ou de l'espace, les objets sont non seulement réels, mais également représentables par des diagrammes susceptibles de révéler des propriétés intéressantes. Comment voir à quoi ressemble un hypercube ? Et, s'il est impossible de le voir, comment savoir si nos affirmations le concernant sont vraies ?

Les géomètres du siècle dernier ont élaboré des méthodes pour visualiser des objets de dimensions supérieures, et les pages qui leur sont consacrées plus loin méritent l'attention du lecteur. Fort élaborées à certains égards, mais avec des limitations souvent frustrantes, ces techniques de l'imagerie et de la modélisation d'il y a cent ans ne permettaient pas d'interpréter les objets quadridimensionnels complexes. Par la suite, la géométrie des dimensions supérieures ne fut plus fondée seulement sur des raisonnements par analogie, mais sur la géométrie analytique qui traduit les concepts géométriques sous forme numérique et algébrique. Bien que ces méthodes formelles placent les mathématiques sur un terrain plus ferme, elles ne satisfont pas le désir de «voir» les dimensions supérieures.

Pour visualiser les objets et leurs relations au-delà de la troisième dimension, l'instrument idéal est l'ordinateur.

Une révolution dans les techniques de visualisation

L'ordinateur n'est que la plus récente d'une série d'inventions qui nous ont fait voir dans des directions auparavant inaccessibles. Il y a quatre cents ans, Galilée orienta sa toute nouvelle lunette astronomique vers Jupiter et vit ses satellites, vision inconcevable à une époque où l'on pensait que tous les corps célestes tournaient autour de la Terre. Aujourd'hui, les descendants du modeste instrument d'optique de Galilée révèlent la présence de quasars à des milliards d'années-lumière.

Un siècle après Galilée, Anton van Leeuwenhoek inventa le microscope. A l'aide de son instrument, il commença l'exploration de mondes insoupçonnés peuplés d'êtres infinitésimaux, découvrant les minuscules composants de notre sang et de nos humeurs. Aujourd'hui, de puissants microscopes électroniques révèlent des objets mille fois plus petits et dévoilent la structure du matériel génétique.

A la fin du siècle dernier, la découverte des rayons X par Wilhelm Röntgen inaugura une nouvelle ère en médecine : on voyait désormais l'intérieur du corps humain sans utiliser le scalpel, la radiographie révélant le squelette ou l'état de fonctionnement des organes. Aujourd'hui la tomographie axiale assistée par ordinateur et l'imagerie par résonance magnétique vont beaucoup plus loin en exposant des «tranches» successives de notre corps.

Ces voyages spectaculaires aux confins de l'univers, dans l'infiniment petit ou encore dans les replis secrets du corps humain illustrent le désir de l'homme de repousser les frontières de son univers, de voir ce qui n'était pas visible. Une autre évolution, tout aussi spectaculaire, a élargi notre champ de

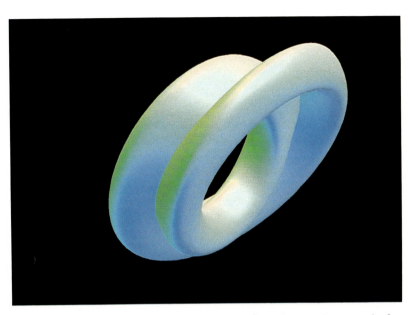

Image créée par ordinateur d'une bouteille de Klein, surface qui ne peut être construite dans l'espace ordinaire sans se couper elle-même, mais qui peut être construite sans auto intersection dans l'espace à quatre dimensions, comme nous le verrons au chapitre neuf.

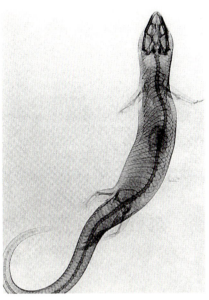

Cette radiographie d'une salamandre constitue une image à deux dimensions de la structure interne de l'animal.

vision : nous savons désormais visualiser des phénomènes qui appartiennent à d'autres dimensions.

Grâce aux prodigieux développements de l'informatique, nous avons une expérience visuelle directe d'objets qui «n'existent» que dans des dimensions supérieures. Quand nous observons, sur l'écran d'un ordinateur, des images en train de se modifier, nous sommes confrontés à des problèmes analogues à ceux des premiers scientifiques qui firent usage des télescopes, des microscopes ou des rayons X. Nous voyons aujourd'hui des choses qui n'ont jamais été vues auparavant, et nous commençons tout juste à savoir interpréter ces images. Il n'est pas excessif de dire qu'avec la visualisation des dimensions, nous vivons le début d'une ère nouvelle.

2 | Échelles et mesures

De nombreux siècles avant que l'on imagine des espaces de dimension supérieure à trois, on connaissait des relations numériques et algébriques en géométrie plane et en géométrie dans l'espace. Les artisans, les scientifiques et les mathématiciens avaient trouvé des formules qui décrivaient les régularités constatées dans leurs mesures, et ils savaient que les coefficients ou les exposants qui apparaissaient dans ces formules étaient liés aux dimensions de l'espace où ils travaillaient. On finit par associer les dimensions aux exposants, la puissance deux correspondant à des formules de géométrie plane et la puissance trois à celles de la géométrie dans l'espace. Les mathématiciens découvrirent cependant que certaines formules algébriques générales apparaissant dans les géométries à deux ou à trois dimensions avaient des formes analogues avec des exposants supérieurs à trois. A quelle sorte de géométrie ces nouvelles relations correspondaient-elles ? En étudiant comment les relations numériques et algébriques s'appliquaient aux géométries du plan et de l'espace, on préparait la découverte des géométries de dimensions supérieures.

La mesure d'objets analogues dans plusieurs dimensions révèle les différences des formules correspondantes. C'est en agrandissant ou en réduisant un objet qu'on perçoit le plus clairement les propriétés relatives aux dimensions. Supposons que nous voulions envoyer une photographie par la poste. Une photographie carrée requiert une longueur donnée de ficelle, et une certaine quantité de papier d'emballage. Si nous doublons la taille de la photographie, la quantité de ficelle double et la quantité de papier quadruple.

Les grandes pyramides d'Égypte restent une source d'inspiration géométrique. Les formules donnant le volume des pyramides peuvent être généralisées aux dimensions supérieures à trois.

Agrandir une photographie en doublant ses côtés multiplie sa superficie par quatre.

Si nous doublons la taille d'une boîte cubique, nous aurons besoin de deux fois plus de ficelle, de quatre fois plus de papier et de huit fois plus de bourre d'emballage. De même, si l'on décide de doubler la taille d'un hall d'entrée, toutes les quantités linéaires, telle la longueur des fils électriques, seront doublées ; les quantités associées aux surfaces, tels le nombre de mètres carrés de moquette ou la quantité de peinture pour les murs, seront quadruplées ; enfin les quantités relatives aux volumes, tel le volume d'air que devra traiter le système de climatisation, seront huit fois supérieures.

La longueur, l'aire et le volume mesurent la «quantité de matériau» pour des objets de dimensions différentes. Pour savoir dans quelle dimension on se trouve, il suffit de déterminer la puissance de deux par laquelle la quantité est multipliée quand la taille de l'objet double. On dit qu'une quantité comme le volume est tridimensionnelle car elle est multipliée par deux à la puissance trois quand la taille de l'objet double. De même, la superficie d'un objet est bidimensionnelle, et sa longueur unidimensionnelle, puisque ces quantités sont respectivement multipliées par deux à la puissance deux et par deux (c'est-à-dire deux à la puissance un) quand la taille de l'objet double. Si nous observons qu'une quantité est multipliée par 16 (deux à la puissance quatre), nous concluerons qu'elle est quadridimensionnelle ; une quantité de dimension cinq serait multipliée par 32.

Relation dimension-exposant pour des pavés élémentaires

Les relations qui apparaissent dans les formules de géométrie plane sont souvent retrouvées dans des formules de géométrie dans l'espace. Au vu de ces correspondances, nous sommes tentés d'extrapoler ces relations géométriques aux dimensions supérieures.

Une des relations les plus simples est donnée par la mesure de la longueur, de l'aire ou du volume de pavés élémentaires en dimension quelconque, c'est-à-dire un segment sur une droite, un carré dans un plan ou un cube dans l'espace. Sur une droite, un segment a pour longueur l'entier m s'il peut être recouvert exactement par m segments de longueur 1. De même, en dimension deux, un carré de côté m est exactement recouvert par m2 carrés élémentaires de côté 1. En dimension trois, un cube de côté m est exactement rempli par m3 cubes élémentaires de côté 1. La règle porte sur l'exposant : en dimension n, le volume d'un n-cube de côté m est mn. Ainsi un cube à quatre dimensions de côté m serait rempli par exactement m4 cubes élémentaires quadridimensionnels de côté 1.

Existe-t-il une interprétation géométrique de cette expression m^4 ? Une telle figure devrait être quadridimensionnelle et elle existe bel et bien dans un espace à quatre dimensions, si l'on donne au verbe *exister* un sens différent de celui qu'il a dans le langage courant. Quand nous pensons à un carré, nous nous représentons un dessin à la craie, ou des tracés beaucoup plus précis exécutés sur une table d'architecte ou par une table traçante reliée à un ordinateur. Pourtant les théorèmes géométriques relatifs au carré ne concernent en propre aucune de ses représentations physiques, mais le concept de carré, plus parfait que tout ce que nous pourrions construire. Comme auraient pu dire les disciples de Platon, le carré idéal n'existe que dans l'esprit de Dieu. C'est un carré tellement parfait que son côté vaut exactement m et qu'il est exactement recouvert par m^2 carrés unités. De même, la formule donnant le volume nous renvoie à un cube parfait, et non à une quelconque représenta-

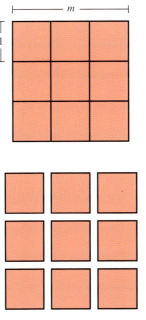

On subdivise un carré de côté m en m^2 carrés unités.

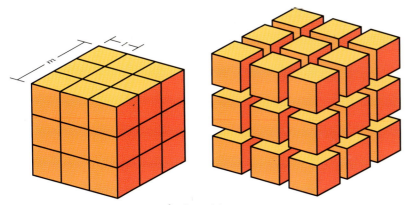

On subdivise un cube de côté m en m^3 cubes unités.

Les contenus de trois coupes coniques remplissent exactement un cylindre de même base et de même hauteur.

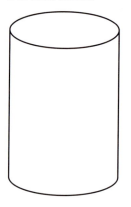 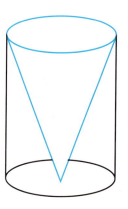 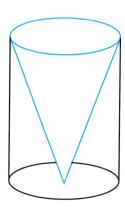 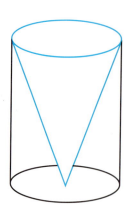

tion physique. Il en va de même pour la version quadridimensionnelle de cette formule algébrique et l'objet idéal correspondant, un hypercube de côté *m* existant dans l'esprit de ce même Dieu, contient m^4 hypercubes unités parfaits. La différence est que nous pouvons construire dans l'espace un modèle de m^3 cubes solides, alors que nous sommes incapables de construire un modèle de m^4 hypercubes.

Lois du volume pour les pyramides

Dans presque toutes les formules importantes donnant les mesures des objets, la dimension apparaît soit dans les exposants, soit dans les coefficients. Dans le cas des formules donnant les volumes des cônes et des pyramides, la dimension apparaît de deux manières distinctes.

Nous ignorons le nom de l'artisan antique qui transvasa l'eau d'un récipient cylindrique dans un récipient conique et s'aperçut le premier que le volume d'un cylindre est trois fois celui d'un cône de même base et de même hauteur.

On vit ensuite que cette relation s'appliquait à un grand nombre de figures : un prisme à base carrée ou triangulaire a un volume triple de celui d'une pyramide de même base et de même hauteur. Cette relation observée, on l'exprima par une formule : le volume d'un cylindre ou d'un prisme est égal au produit de la surface de sa base par sa hauteur, et le volume d'un cône ou d'une pyramide au tiers du volume du cylindre ou du prisme correspondants.

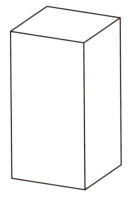 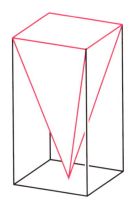 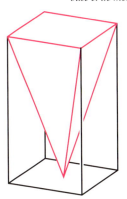 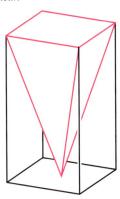

Les contenus de trois pyramides à base carrée remplissent exactement un prisme de même base et de même hauteur.

Le rapport entre le volume d'un prisme et celui d'une pyramide est analogue au rapport entre l'aire d'un rectangle et celle d'un triangle dans le plan. La diagonale d'un carré le partage en deux triangles rectangles isocèles égaux. Plus généralement, l'aire d'un rectangle est égale au produit de sa base par sa hauteur, et celle d'un triangle est égale au demi-produit de sa base par sa hauteur. Le facteur dimensionnel est ici le dénominateur de la fraction. Si nous remplissions l'équivalent quadridimensionnel de la pyramide, son «volume» quadridimensionnel devrait valoir le quart du produit du volume de sa base tridimensionnelle par sa hauteur dans une quatrième direction d'espace.

Les mathématiciens ne se satisfont pas d'observer une relation contingente, ils cherchent un argument qui montre que cette relation est toujours vérifiée. Remplir des pyramides avec de l'eau n'est pas une démonstration de la formule donnant leur volume en dimension trois.

Nous démontrons simplement cette relation en divisant un cube en trois pyramides égales. De même qu'un carré découpé suivant une de ses diagonales donne deux triangles égaux, un cube peut être divisé en trois parties égales qui s'assemblent autour d'une de ses diagonales. Ces parties sont des pyramides à base carrée dont le sommet est à la verticale d'un des coins de la base. Nous voyons que le volume de chaque pyramide est égal au tiers de celui du cube. En considérant les seules formules des dimensions deux et trois, la relation générale apparaît déjà. Nous ne pouvons pas construire un modèle réel illustrant la formule analogue en dimension quatre, mais cela ne nous empêche pas de faire des hypothèses. Nous nous attendons à ce qu'un hypercube soit divisible en quatre pyramides quadridimensionnelles égales et

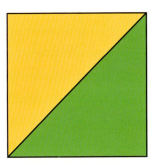

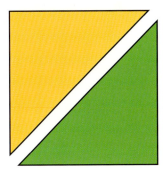

Deux triangles rectangles isocèles identiques, accolés par l'hypoténuse, forment un carré.

décentrées, assemblées suivant la plus grande diagonale de l'hypercube. Plus généralement, un cube de dimension n devrait être divisible en n pyramides de dimension n égales et décentrées, chacune ayant pour base un cube de dimension $n-1$.

La dimension apparaît à la fois dans les exposants et dans les dénominateurs des formules donnant l'aire d'un triangle et le volume d'une pyramide décentrée. L'aire d'un triangle rectangle isocèle de côté m est $m^2/2$. Le volume d'une pyramide décentrée obtenue à partir d'un cube de côté m est $m^3/3$. En poursuivant la série, nous trouvons que le volume quadridimensionnel d'une pyramide décentrée de dimension quatre obtenue à partir d'un hypercube de côté m est $m^4/4$. La formule générale donnant le volume n-dimensionnel d'une pyramide décentrée de dimension n est m^n/n.

Grâce à l'analogie entre la décomposition du carré dans le plan et celle du cube dans l'espace, nous avons trouvé la formule donnant le volume d'une pyramide décentrée à base carrée. L'étape suivante consiste à trouver une formule pour la classe plus générale des pyramides à base rectangulaire ; malheureusement l'analogie entre un rectangle dans un plan et un prisme rectangulaire dans l'espace n'est pas parfaite. Un carré, comme un rectangle, sont divisés en deux triangles égaux suivant l'une de leurs diagonales. Bien qu'un cube puisse être divisé en trois parties égales assemblées autour d'une de ses diagonales, la même opération est en général impossible avec un prisme

On divise un cube en trois pyramides identiques assemblées autour d'une de ses diagonales.

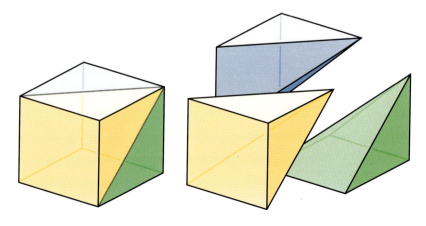

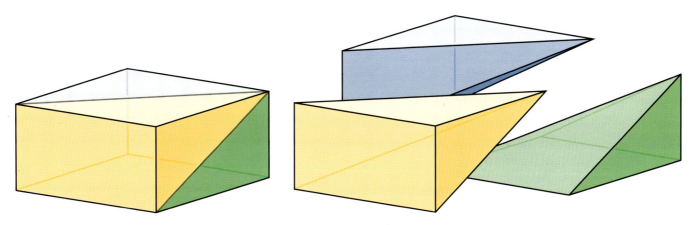

On divise un prisme rectangulaire en trois pyramides non identiques mais de même volume, assemblées autour d'une de ses diagonales.

rectangulaire. En revanche, il est possible de diviser ce prisme en trois parties non identiques géométriquement, mais de même volume : ce résultat est obtenu de façon moins intuitive en examinant les conséquences d'une transformation homothétique (un changement d'échelle) dans une direction donnée.

Une façon d'évaluer le volume d'une pyramide consiste à empiler des boîtes rectangulaires parallèlement à la base. Si nous doublons l'épaisseur de chaque boîte de la pile, la hauteur et le poids de la pile (ainsi que son volume) doublent alors que la surface de la base est inchangée. Si nous conservons la largeur et l'épaisseur de chaque boîte en doublant sa longueur, le volume de la pile double également. En doublant une seule dimension des boîtes, on fait doubler le volume de la pile et plus généralement, en multipliant une dimension donnée par un nombre quelconque, on multiplie le volume de la pile par le même nombre.

A partir de cette propriété, nous déduisons le volume de toute pyramide à base rectangulaire dont le sommet se projette orthogonalement sur un des sommets de la base. Nous avons vu précédemment que le volume d'un cube est triple de celui de la pyramide décentrée qu'il contient. Si nous doublons la longueur de quatre arêtes parallèles du cube, nous obtenons un prisme rectangulaire. Ce prisme contient une pyramide décentrée dont la base rectangulaire coïncide avec une de ses faces rectangulaires. En doublant les arêtes du cube dans une seule direction, on double son volume, et les

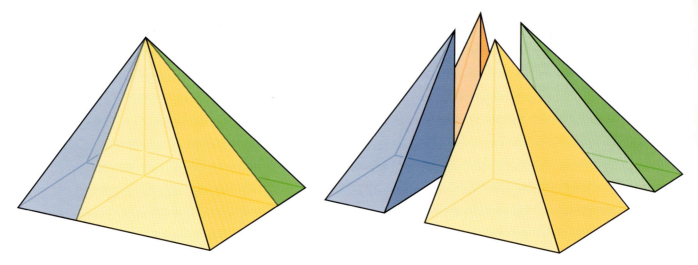

On divise une pyramide quelconque à base rectangulaire en quatre pyramides à base rectangulaire et dont le sommet se projette sur l'un des sommets de la base.

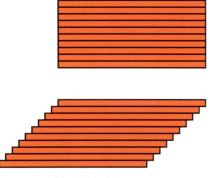

Un ensemble de bandelettes recouvrant la surface d'un rectangle donne également une approximation de l'aire d'un parallélogramme de même base et de même hauteur.

volumes des boîtes empilées afin d'évaluer le volume de la pyramide décentrée doublent également, de sorte que la pyramide conserve un volume égal au tiers de celui du prisme. La relation de base, formulée pour une pyramide à base carrée, reste valable.

Est-elle encore valable si le sommet de la pyramide se projette non plus sur l'un des coins de la base rectangulaire, mais en un point quelconque de cette base ? Nous pouvons diviser une telle pyramide en quatre pyramides à base rectangulaire dont les sommets respectifs se projettent sur un des coins de leur base, le volume de chacune de ces pyramides étant égal au tiers du produit de la surface de leur base par leur hauteur commune. La somme de ces quatre volumes donne le volume de la pyramide de départ, égal, là encore, au tiers du volume d'un prisme rectangulaire de même base et de même hauteur.

Nous arrivons au même résultat en appliquant le principe de Cavalieri relatif aux transformations par cisaillement, où il est fait de nouveau usage de «tranches» pour évaluer les aires et les volumes : on peut recouvrir un parallélogramme avec le même ensemble de bandelettes qui ont servi à recouvrir un rectangle de même base et de même hauteur, de même qu'on peut remplir une boîte oblique avec le même ensemble de «plaquettes» qui ont servi à remplir une boite droite équivalente. Dans notre exemple, nous mesurons le volume d'une pyramide décentrée à l'aide du même ensemble de boîtes qui ont servi à mesurer le volume d'une pyramide centrée.

De la formule donnant le volume de différents types de pyramides à base carrée, nous déduisons celle du volume d'une pyramide obtenue en découpant le coin d'un cube, volume exprimé en fonction du volume du cube.

La dimension de l'espace figure à nouveau au dénominateur de cette formule, mais sous une forme nouvelle. En coupant l'un des coins d'un carré suivant la diagonale, nous obtenons un triangle dont l'aire est la moitié de celle du carré. En coupant l'un des coins d'un cube, nous obtenons une pyramide à base triangulaire que nous pouvons également construire en divisant une pyramide à base carrée en deux parties. Si nous représentons la pyramide à base carrée par une pile de boîtes carrées, la pyramide à base triangulaire correspond à un empilement de boîtes triangulaires moitiés des précédentes. Nous en déduisons que le volume de la pyramide à base triangulaire vaut la moitié de celui de la pyramide à base carrée, ou le tiers de celui du prisme à base triangulaire de même hauteur (la moitié du cube), soit un sixième du volume du cube. Le volume quadridimensionnel d'une hyperpyramide obtenue en coupant un coin d'un hypercube est égal au quart de celui d'un hyperprisme ayant pour base tridimensionnelle une pyramide triangulaire, c'est-à-dire $1/24^{ème}$ du volume quadridimensionnel de l'hypercube (puisque le volume de la pyramide triangulaire vaut un sixième de celui du cube). Plus généralement le volume n-dimensionnel de la figure formant le coin d'un cube de dimension n est égal à $1/n!$ fois le volume du cube à n dimensions, où $n!$ désigne la «factorielle» de n, c'est-à-dire le produit des n premiers entiers.

Le temple I du site maya de Tikal, au Guatemala, présente une structure en gradins dont on s'inspire pour mesurer le volume d'une pyramide de type égyptien.

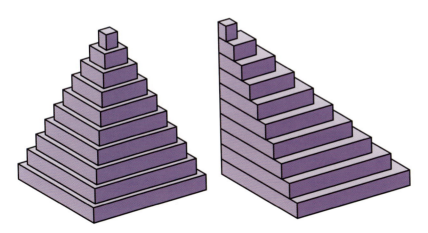

Avec le même ensemble de plaques minces, on construit le modèle d'une pyramide centrée à base carrée ou celui d'une pyramide de même base et de même hauteur dont le sommet surplombe l'un des coins.

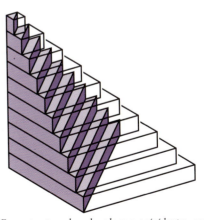

En coupant en deux les plaques précédentes, on obtient une approximation d'une pyramide à base triangulaire.

Modèles développés de pyramides

Des relations numériques ou algébriques nous ont conduit, à partir des géométries du plan et de l'espace, à considérer des objets abstraits de dimension supérieure. Comment appréhender de tels objets si nous ne pouvons pas les construire dans notre espace ? Heureusement, les motifs retrouvés d'une dimension à l'autre indiquent des analogies non seulement entre les formules mais aussi entre les formes. En s'inspirant de la construction des modèles de pyramides dans un espace à trois dimensions, on invente des modèles analogues pour des pyramides à quatre dimensions.

Pour construire une pyramide en papier, nous découpons une figure où quatre triangles sont accolés aux côtés d'un carré, puis nous plions cette figure dans l'espace. Passant à la dimension suivante, nous pouvons construire de façon analogue un «patron spatial» en accolant des pyramides à base carrée sur les six faces d'un cube. Ce que nous ne pouvons pas faire, c'est replier cette figure dans la quatrième dimension pour construire l'équivalent quadridimensionnel d'une pyramide à base carrée. Essayons de calculer le volume de la pyramide en papier à partir de son développement plan. Nous déterminons sans peine l'aire de la base carrée, mais il reste à trouver la hauteur à laquelle se trouvera le sommet à la fin du pliage, ce qui nécessite un calcul supplémentaire.

De même, nous trouvons facilement le volume de la base cubique de la pyramide à quatre dimensions, mais le calcul de sa hauteur suivant une quatrième direction est encore plus difficile que dans l'exemple précédent puisque nous ne pouvons pas réellement plier le patron tridimensionnel.

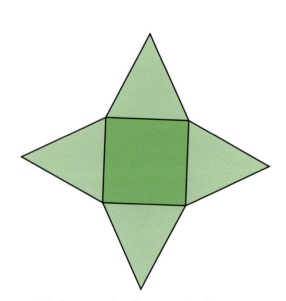

Développement plan d'une pyramide à base carrée.

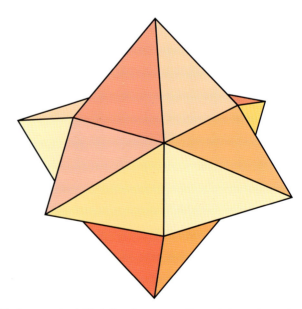

Développement polyédral d'une hyperpyramide symétrique à base cubique.

Pour construire le modèle d'une pyramide décentrée, nous commençons par dessiner un carré puis nous choisissons l'un de ses sommets, à partir duquel nous prolongeons les deux côtés contigus par deux segments de même longueur. A partir de ces segments, nous construisons deux triangles rectangles isocèles accolés aux deux côtés du carré. Repliés dans l'espace, ces triangles formeront, avec le carré, un des coins de la pyramide décentrée. Les deux autres faces sont aussi des triangles rectangles, accolés au carré par leur petit côté et dont les grands côtés correspondent aux hypoténuses des triangles isocèles.

La construction équivalente dans la dimension supérieure commence avec un cube. Nous prolongeons chacune des trois arêtes issues d'un sommet par un segment de même longueur que le côté du cube. A partir de ces segments, nous construisons sur les trois faces du cube trois pyramides décentrées identiques à celle du paragraphe précédent. Si nous pouvions plier cet objet dans la quatrième dimension, nous obtiendrions une «hyperpyramide décentrée». En plus des trois pyramides précédentes, l'hyperpyramide serait également limitée par trois autres pyramides décentrées occupant les trois faces restantes du cube. Avec quatre exemplaires de cette hyperpyramide, nous remplirions exactement l'hypercube correspondant.

Nous sommes restés jusqu'ici à un niveau purement formel car nous n'avons pas encore les moyens de représenter de tels modèles développés. Dans les chapitres suivants, des techniques de projection et de développement seront présentées.

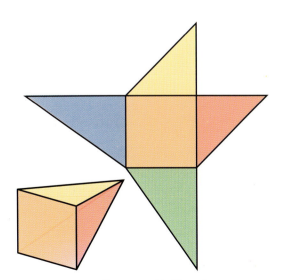

Patron d'une pyramide décentrée.

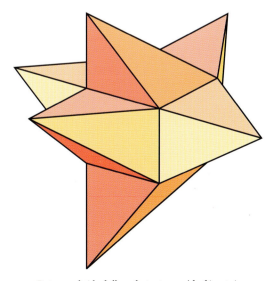

Patron polyédral d'une hyperpyramide décentrée.

L'interprétation géométrique du binôme de Newton

Le binôme de Newton est une formule algébrique bien connue qui donne le résultat de l'élévation de la somme de deux nombres à une certaine puissance. Il en existe une interprétation géométrique, qui donne le volume d'un hypercube à n dimensions dont chaque arête est divisée en deux segments.

Nous avons déjà considéré dans ce chapitre des carrés de côté m. Si nous exprimons m comme la somme de deux nombres p et q, alors à l'équation algébrique $m = p + q$ correspond la division d'un segment de longueur m en deux segments de longueurs p et q. En coupant de la sorte les bords verticaux d'un carré de côté m, nous divisons le carré en deux rectangles. En répétant l'opération sur le côté horizontal, nous obtenons quatre morceaux : un carré de côté p, un carré de côté q et deux rectangles de côtés p et q. Ces quatre figures correspondent aux quatre termes du développement du carré d'un binôme. Le problème algébrique consistant à trouver le carré de l'expression $p + q$ est équivalent au problème géométrique consistant à trouver l'aire d'un carré de côté $p + q$.

Grâce aux règles de l'algèbre, nous développons le carré du binôme sans passer par un modèle géométrique :

$$(p + q)^2 = (p + q)(p + q)$$
$$= p(p + q) + q(p + q)$$
$$= p^2 + pq + qp + q^2$$

Après avoir regroupé les deux termes pq et qp, qui sont égaux, nous obtenons l'expression familière du carré d'un binôme :

$$(p + q)^2 = p^2 + 2pq + q^2$$

Le diagramme ci-dessous donne une vision géométrique de cette égalité. Chaque terme de l'expression $p^2 + pq + qp + q^2$ donne l'aire d'une des quatre parties du carré. En les ajoutant, nous retrouvons bien l'aire du carré, $(p + q)^2$.

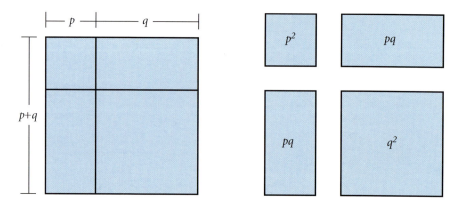

Interprétation géométrique du carré d'un binôme.

Il existe une relation identique entre le volume d'un cube de côté $p + q$ dans l'espace à trois dimensions et le binôme $p + q$ élevé à la puissance trois. Le calcul algébrique ne pose pas de difficultés :

$$\begin{aligned}
(p + q)^3 &= (p + q)(p + q)^2 \\
&= p\,(p + q)^2 + q\,(p + q)^2 \\
&= p\,(p^2 + 2pq + q^2) + q\,(p^2 + 2pq + q^2) \\
&= (p^3 + 2p^2q + pq^2) + (qp^2 + 2pq^2 + q^3) \\
&= p^3 + 3p^2q + 3pq^2 + q^3
\end{aligned}$$

Comme précédemment, ce développement est indépendant de toute interprétation géométrique, mais il n'est pas inutile d'en donner une. Un cube de côté $p + q$ se décompose en huit parties : un cube de côté p, un autre de côté q, et six parallélépipèdes rectangles, trois de hauteur p et de base carrée de côté q et trois de hauteur q et de base carrée de côté p.

Que deviennent ces relations algébriques et géométriques quand nous passons en dimension quatre ? En procédant comme précédemment, nous obtenons l'expression algébrique :

$$(p + q)^4 = p^4 + 4p^3q + 6p^2q^2 + 4pq^3 + q^4$$

en n'ayant fait usage d'aucun argument géométrique. Néanmoins, nous pouvons considérer un hypercube de côté $p + q$ et en imaginer une décomposition géométrique comme dans le cas du cube. Elle donnerait seize parties : un hypercube de côté p, un autre de côté q, huit prismes quadridimensionnels, quatre de hauteur p et de base cubique de côté q et quatre de hauteur q et de base cubique de côté p, et enfin six nouveaux objets, des prismes quadridimensionnels ayant à chaque sommet deux arêtes de longueur p et deux de longueur q. Ainsi cette décomposition reproduit les mêmes motifs que les précédentes, bien qu'il soit impossible de construire dans notre espace un modèle quadridimensionnel qui l'illustre.

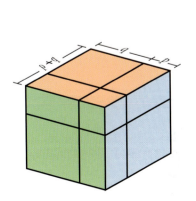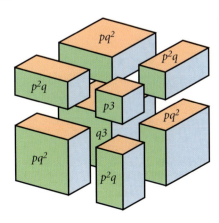

Interprétation géométrique du cube d'un binôme

Les suites de coefficients qui apparaissent dans le développement du binôme de Newton forment les lignes du triangle de Pascal, célèbre grille numérique issue de l'analyse combinatoire. Chaque nombre y est la somme des deux nombres situés juste au-dessus de lui. Nous retrouverons ce tableau sous des aspects différents lors de l'analyse d'objets à plus de trois dimensions.

Les diagonales de cubes en différentes dimensions

Nous découvrons une progression dimensionnelle d'une autre sorte en mesurant les longueurs des diagonales de cubes en différentes dimensions. La diagonale d'un cube est un segment joignant deux sommets non adjacents. Si les deux diagonales d'un carré sont égales, celles d'un cube sont de deux sortes : les courtes, diagonales des faces carrées, et les longues qui passent par le centre. En comparant dans chaque dimension les longueurs de l'arête d'un cube et de sa plus grande diagonale, nous obtenons une autre relation intéressante.

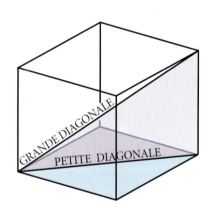

Les grande et petite diagonales d'un cube constituent respectivement l'hypoténuse et le grand côté d'un triangle rectangle.

Chaque fois qu'on construit un cube dans une nouvelle dimension (par exemple quand on passe du carré au cube), on ajoute des arêtes dans une direction perpendiculaire à l'ensemble des directions du cube précédent. En particulier, chaque nouvelle arête est perpendiculaire aux grandes diagonales du cube de dimension inférieure, si bien qu'une arête et une diagonale forment un triangle rectangle dont l'hypoténuse est la plus grande diagonale du nouveau cube. Cette relation nous donne le moyen de calculer la longueur de cette plus grande diagonale grâce à l'un des théorèmes les plus célèbres de la géométrie plane : le théorème de Pythagore.

Ce théorème énonce que, dans un triangle rectangle où p et q sont les longueurs des côtés formant l'angle droit, la longueur de l'hypoténuse est $\sqrt{p^2 + q^2}$. Une démonstration du théorème fait appel à l'interprétation géométrique que nous avons donnée du carré du binôme : il s'agit de montrer que l'aire du carré construit sur l'hypoténuse d'un triangle rectangle est la somme des aires des carrés construits sur les deux autres côtés. Pour arriver à ce résultat, nous devons exprimer l'aire d'un carré de côté $p + q$ de deux manières : d'une part comme la somme des aires d'un carré de côté p, d'un carré de côté q et de quatre triangles rectangles de côtés p et q ; d'autre part comme la somme des aires des quatre mêmes triangles et du carré formé par leurs hypoténuses. De l'aire de ce carré, égale à la somme des aires des deux carrés précédents, nous déduisons la longueur de l'hypoténuse $\sqrt{p^2 + q^2}$.

En appliquant le théorème de Pythagore aux triangles rectangles dont les hypoténuses sont les grandes diagonales des cubes n-dimensionnels, une relation apparaît. Dans toutes les dimensions, nous considérerons des cubes de côté 1. Quand $n = 2$, nous avons un carré dont la longueur de la diagonale est $\sqrt{2}$. Quand $n = 3$, nous avons un cube dont la diagonale est l'hypoténuse d'un triangle rectangle de base $\sqrt{2}$ et de hauteur 1. D'après le théorème de Pythagore, la longueur de cette diagonale vaut $\sqrt{1^2 + (\sqrt{2})^2} = \sqrt{1 + 2} = \sqrt{3}$. Dans un hypercube quadridimensionnel, le triangle rectangle a une base de $\sqrt{3}$ et une hauteur de 1, et son hypoténuse vaut $\sqrt{1^2 + (\sqrt{3})^2} = \sqrt{1 + 3} = \sqrt{4} = 2$. Les grandes diagonales de l'hypercube sont deux fois plus longues que ses côtés. A partir de ces exemples, nous voyons que les grandes diagonales d'un cube à n dimensions de côté 1 ont pour longueur $\sqrt{n}$, ce que nous démontrons par récurrence : si la longueur des grandes diagonales d'un cube de dimension $(n - 1)$ est $\sqrt{n - 1}$, alors chaque grande diagonale d'un cube de dimension n sera l'hypoténuse d'un triangle rectangle de côtés 1 et $\sqrt{n - 1}$. D'après le théorème de Pythagore, la longueur de la grande diagonale d'un cube à n dimensions de côté 1 est égale à $\sqrt{1^2 + \sqrt{(n-1)^2}} = \sqrt{1 + n - 1} = \sqrt{n}$.

Si nous comparons un cube unité à un cube de côté m, nous constatons que les diagonales de ce dernier sont m fois plus grandes que celles du cube unité. Il en résulte que la longueur d'une grande diagonale d'un cube à n dimensions de côté m est $m \sqrt{n}$. Nous retiendrons que la grande diagonale d'un cube quadridimensionnel est deux fois plus longue que son côté.

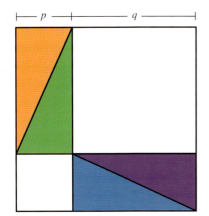 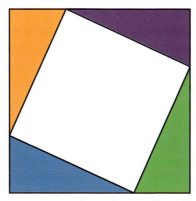

Une démonstration du théorème de Pythagore. Deux carrés construits sur les côtés d'un triangle rectangle et quatre copies de ce triangle forment un grand carré ; on construit un carré identique à partir des quatre copies du triangle et d'un carré construit sur l'hypoténuse. Si l'on retire les triangles, on trouve que la somme des aires des carrés construits sur les côtés du triangle est égale à l'aire du carré construit sur l'hypoténuse.

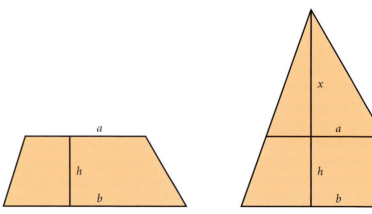

Le volume d'un tronc de pyramide

La formule donnant le volume d'une pyramide était d'une grande importance pratique pour les anciens Égyptiens. Ils auraient pu facilement la découvrir en comparant les quantités de sable nécessaires pour remplir des récipients en forme de pyramide ou de prisme. En remplissant trois fois une pyramide avec le sable contenu dans un prisme, ils auraient compris que l'expression donnant le volume de la pyramide est simplement le tiers de celle donnant le volume du prisme. Il est beaucoup plus difficile de trouver expérimentalement le volume d'une pyramide tronquée, dont on a arrêté la construction à un certain niveau et où manque le sommet. Quelle quantité de matériaux faudra-t-il pour achever le projet ? L'établissement de cette formule fut l'un des plus beaux accomplissements de la géométrie antique ; à partir de cette découverte, nous donnerons un dernier exemple de la manière dont les relations algébriques et géométriques s'étendent aux dimensions supérieures.

Afin d'exercer notre intuition et d'obtenir un résultat préliminaire, nous envisagerons d'abord le problème en deux dimensions : le calcul de l'aire du trapèze obtenu en coupant la partie supérieure d'un triangle selon une droite parallèle à la base. Le chemin de la découverte passe ici par le principe de similitude : si deux triangles sont semblables, leurs bases et leurs hauteurs sont proportionnelles.

En prolongeant les côtés du trapèze, nous complétons le triangle. Le grand triangle est composé du trapèze initial et d'un petit triangle qui lui est semblable. Nous ignorons les hauteurs de ces triangles, mais nous savons que leur rapport est égal à celui de leurs bases, c'est-à-dire au rapport des côtés parallèles du trapèze.

Un tronc de pyramide.

L'aire d'un trapèze est la différence entre les aires des deux triangles.

L'aire d'un triangle est la moitié du produit de sa base par sa hauteur. Si a désigne la base et x la hauteur, alors l'aire est $ax/2$. De même, si nous considérons une pyramide de hauteur x et de base carrée de côté a, l'aire de cette base est a^2 et le volume de la pyramide est $xa^2/3$.

Notons x la hauteur du petit triangle et $x + h$ celle du grand. Nous voyons que l'aire du trapèze est $b(x + h)/2 - ax/2$. Par ailleurs, en appliquant le principe de similitude, nous trouvons l'égalité $x/a = (x + h)/b = h/(b - a)$. D'où $x = ah/(b - a)$ et $x + h = bh/(b - a)$. En remplaçant ces termes dans la formule de l'aire du trapèze, nous obtenons $b(x + h)/2 - ax/2 = hb^2/2(b - a) - ha^2/2(b - a)$
$$= h(b^2 - a^2)/2(b - a)$$
D'après une identité algébrique très connue, $(b^2 - a^2)/(b - a) = b + a$, et nous arrivons ainsi à la formule finale de l'aire d'un trapèze de hauteur h et de côtés parallèles a et b, $h(a + b)/2$.

Par une méthode analogue, nous trouvons l'expression du volume d'une pyramide incomplète. Soit h la hauteur de cette pyramide tronquée, a le côté du carré supérieur et b celui du carré inférieur. Si x est la hauteur de la petite pyramide qui manque au sommet, la hauteur de la pyramide complète sera $x + h$ et les volumes respectifs de ces deux pyramides seront $xa^2/3$ et $(x + h)b^2/3$. En raisonnant sur une section verticale passant par le centre de la pyramide, nous revenons à l'exemple plan et nous retrouvons les égalités du paragraphe précédent : $x/a = (x + h)/b = h/(b - a)$ et, comme précédemment, $x = ha/(b - a)$ et $x + h = hb/(b - a)$. Le volume de la pyramide incomplète est donc :

$$(x + h)b^2/3 - xa^2/3 = hb^3/3(b - a) - ha^3/3(b - a)$$
$$= h(b^3 - a^3)/3(b - a)$$
$$= h(b^2 + ab + a^2)/3$$

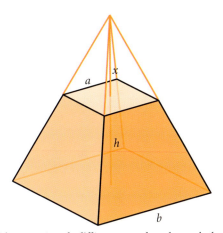

Le volume d'une pyramide tronquée est la différence entre les volumes de deux pyramides.

La dernière simplification découle de l'identité remarquable concernant la différence de deux cubes : $b^3 - a^3 = (b - a)(b^2 + ab + a^2)$

Cette formule du volume d'un tronc de pyramide était connue des anciens Égyptiens : elle est décrite dans un papyrus rédigé en 1800 av. J.-C., sous une forme beaucoup plus compliquée que la formulation algébrique moderne proposée ci-dessus. Cette formule est l'une des plus grandes réussites de la géométrie des Anciens.

Et en dimension quatre ? De façon purement formelle, la progression dimensionnelle des expressions algébriques indique que si un artisan quadridimensionnel construisait une hyperpyramide de hauteur x et de base cubique de côté a, son volume quadridimensionnel serait $xa^3/4$. Nous en déduisons celui d'une hyperpyramide incomplète :

$$(x + h)b^3/4 - xa^3/4 = hb^4/4(b - a) - ha^4/4(b - a)$$
$$= h(b^4 - a^4)/4(b - a)$$
$$= h(b^3 + ab^2 + a^2b + a^3)/4$$

On imagine qu'un artisan de la quatrième dimension venant de découvrir cette formule serait aussi heureux que le géomètre tridimensionnel de l'ancienne Égypte qui découvrit celle de la pyramide incomplète.

Le problème 57 du papyrus Rhind porte sur les aires des triangles et conduit à une expression du volume d'une pyramide tronquée.

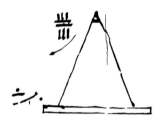

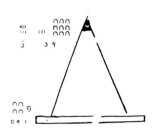

Exposants de croissance dans les changements d'échelle

Si on doublait la taille d'un cristal, la longueur de ses arêtes doublerait, l'aire de ses faces carrées quadruplerait et le volume de ses parties cubiques serait multiplié par huit. Plus généralement, on s'attend à ce qu'une quantité soit multipliée par une puissance de deux quand on double la taille, la valeur de l'exposant étant la dimension de la quantité. Comment interpréter alors les exposants non entiers ? Il existe en effet des quantités qui, lorsque la taille double, sont multipliées par un facteur compris entre deux et quatre. Ces dernières années, de superbes images d'objets «fractals», à exposants de croissance non entiers, ont suscité un grand intérêt.

Un des exemples les plus connus d'objet fractal fut inventé par le mathématicien polonais Waclav Sierpinski. Tout triangle pouvant être partagé en quatre triangles égaux, nous commençons la construction de l'objet de Sierpinski en retirant le triangle central d'un grand triangle. A l'étape suivante, nous ôtons les triangles centraux des trois triangles restants, et ainsi de suite. La figure obtenue en répétant cette opération à l'infini est nommée le «napperon de Sierpinski».

Cet objet a une propriété remarquable : si nous doublons sa taille, nous obtenons trois copies de l'objet initial. Si nous doublons la taille de quelque chose de dimension un, nous obtenons deux copies de l'original ; si nous doublons celle de quelque chose de dimension deux, nous obtenons quatre copies de l'original. Le napperon de Sierpinski a une dimension telle que deux élevé à cette puissance donne trois. Aucun nombre entier ne satisfait à cette condition, et la dimension du napperon de Sierpinski se situe quelque part entre un et deux : plus exactement il s'agit du logarithme en base deux de trois.

Un autre objet créé par un processus infini est le flocon de neige de H. von Koch. Pour le construire, nous partons d'un triangle équilatéral, puis nous traçons sur chacun de ses côtés un triangle équilatéral extérieur trois fois plus petit que le triangle initial ; nous répétons l'opération sur les douze côtés de la figure ainsi formée en traçant des triangles équilatéraux neuf fois plus petits que le triangle initial, et ainsi de suite. A chaque étape, chacun des côtés de la figure est remplacé par quatre autres côtés mesurant le tiers de l'original, si bien qu'on multiplie chaque fois le périmètre total par 4/3. En répétant cette opération à l'infini, nous obtenons le flocon de neige de von Koch.

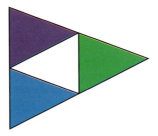

Décomposition d'un triangle quelconque en quatre triangles égaux.

LA QUATRIÈME DIMENSION

Six étapes de la construction du napperon de Sierpinski.

Cinq étapes de la construction du flocon de neige de von Koch.

3 | Coupes et contours

Une botaniste prépare l'étude d'un bouton de fleur en l'emprisonnant dans un cube de résine, puis en découpant le cube en tranches minces qu'elle monte ensuite entre lame et lamelle. L'examen de la série de lames révèle la géométrie interne du bouton. En progressant de bas en haut dans la pile de lames, la botaniste trouve parfois une lame «charnière» à partir de laquelle la coupe change de forme. Pour se faire une idée de la structure d'ensemble du bouton, il lui suffit de disposer de part et d'autre de ces lames charnières des lames intermédiaires caractéristiques. A partir d'un tel ensemble de lames, on peut créer un modèle physique du bouton ou s'en faire une image mentale.

Grâce à de nouvelles techniques, il n'est plus nécessaire de découper l'objet réel pour obtenir une série de coupes dans la direction voulue. La première de ces découvertes fut la tomographie axiale assistée par ordinateur, qui donne des images radiographiques de coupes transversales de la colonne vertébrale d'un patient. Des techniques d'imagerie médicale plus récentes, telle la résonance magnétique, révèlent la structure du cerveau en réalisant des images selon des plans de coupe non seulement transversaux, perpendiculaires à la colonne vertébrale, mais aussi sagittaux, d'une oreille à l'autre, ou encore frontaux, de la pointe du nez à l'arrière de la tête. Ces différentes images montrent les os et les tissus mous, des ombres et des textures servant à représenter les densités des différentes parties.

Les lignes que dessinent les cultures en terrasse sur les pentes de cette colline à Katmandou donnent l'impression de coupes horizontales dans la montagne.

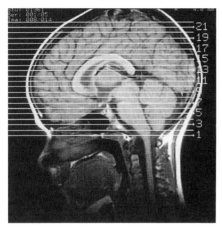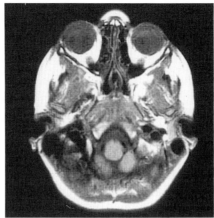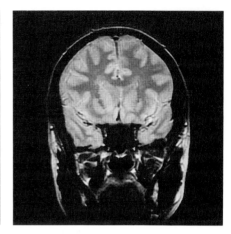

Ces images, obtenues par résonance magnétique, représentent une coupe sagittale médiane d'un encéphale (à gauche), une coupe transversale effectuée au niveau noté 1 sur l'image de gauche (au centre), et une coupe frontale passant à mi-chemin du nez et de l'occiput (à droite).

On monte ensuite ces images sur des feuilles transparentes qui, superposées dans le bon ordre et correctement espacées, donnent un aperçu en trois dimensions de la forme initiale.

Dans tous les cas de figure, on construit une représentation d'une structure tridimensionnelle à partir de coupes sériées bidimensionnelles. Si on connaît parfaitement un objet spatial, on peut prédire l'allure des coupes obtenues en le découpant selon une série de plans parallèles.

On obtient une autre sorte de séquence tridimensionnelle en empilant des images bidimensionnelles prises à des moments successifs. Une jeune amibe vit sa vie d'amibe sans se douter qu'au-dessus de la boîte de Pétri qui constitue son univers, un appareil photo enregistre son activité, prenant des clichés sans interruption pendant qu'elle explore son environnement ou ingère la nourriture qu'elle trouve. Quand, un jour après sa naissance, l'amibe mature se scinde en deux cellules filles, tous les événements de sa vie sont inscrits sur la pellicule. Un technicien développe le film sur de minces carrés de verre qu'il range sur un portoir, formant un long prisme. En regardant à travers ce prisme, nous distinguerions une trace tridimensionnelle en forme de ver qui résume toute l'histoire de l'amibe. Si nous étions intéressés par un événement en particulier, il suffirait de sélectionner la lame appropriée pour avoir une «tranche de vie» de l'amibe.

Dans *Flatland*, Abbott décrit la communication entre des mondes de dimensions différentes en se servant de coupes. Dans un chapitre qui constitue le morceau de bravoure du livre, *A Square* reçoit la visite d'une créature appartenant à un espace de dimension supérieure, en l'occurrence à notre espace à trois dimensions.

Cet événement le contraint à une remise en cause radicale de ses idées sur la réalité. Imaginons *A Square* telle une amibe flottant à la surface immobile d'un étang, inconsciente de l'existence de l'air au-dessus d'elle comme de celle de l'eau au-dessous, consciente uniquement de cette réalité superficielle : la surface de l'eau. Évoluant dans l'espace à trois dimensions, une sphère est sur le point de faire irruption dans cet univers bidimensionnel. L'eau s'écarte à mesure que la boule solide traverse la surface. *A Square* ne peut voir que la partie de la sphère qui coupe son plan et trouve cette apparition très mystérieuse. A chaque instant, il ne voit que le bord d'une figure plane dont il peut faire le tour et vérifier qu'elle est parfaitement circulaire. Dans *Flatland*, les cercles détiennent seuls les pouvoirs religieux et séculier. Ils sont les grands prêtres et les philosophes rois. Témoin de la traversée de *Flatland* par la sphère, *A Square* ne parviendrait à décrire cette expérience que d'une seule manière. Il dirait qu'il a vu en accéléré la vie d'un prêtre ! D'abord apparaît un zygote de prêtre qui, en grandissant, devient un embryon circulaire. Un enfant prêtre naît et grandit dans les ordres mineurs jusqu'à l'ordination. Ayant reçu le titre de Monseigneur, il entre dans ses vieux jours, rapetissant jusqu'à la taille d'un point avant de disparaître. *A Square* interprète les coupes successives de la sphère comme les épisodes de la croissance, puis de la décroissance, d'une créature bidimensionnelle. La sphère, elle-même un peu mathématicienne, a beaucoup de mal à convaincre *A Square* qu'elle n'est pas un être bidimensionnel croissant et décroissant avec le temps, mais un être qui s'étend dans l'espace au delà des deux dimensions de *Flatland*, dans une troisième dimension inconnue des habitants de *Flatland*. *A Square* vit cette troisième dimension comme le temps, ce qui ne signifie pas que la troisième dimension est le temps.

Que nous enseignent les difficultés de *A Square*, à nous qui avons la chance de vivre dans *Spaceland* ? Nous évoluons sereinement dans notre étang à trois dimensions, sans imaginer qu'il puisse exister quelque chose au delà. Qu'adviendrait-il si nous étions visités par une sphère venue de la quatrième dimension ?

Edwin Abbott en 1884, à l'époque où il écrivit Flatland.

Le passage de la sphère à travers Flatland *est perçu par* A Square *comme la variation de la taille d'un cercle.*

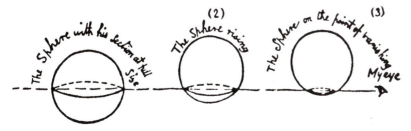

L'analogie est simple. Tout d'abord, nous verrions apparaître un point qui se dilaterait dans toutes les directions pour former une petite sphère, laquelle grossirait, atteindrait sa taille maximale, puis rétrécirait jusqu'à n'être plus qu'un point et disparaître. Nous pouvons visualiser cette séquence en gonflant un ballon puis en le laissant se dégonfler. Sans indication supplémentaire, nous serions incapables de dire s'il s'agit d'une sphère ordinaire croissant et décroissant avec le temps, ou bien des coupes tridimensionnelles successives d'une «hypersphère» venue de la quatrième dimension.

L'interprétation du temps comme une quatrième dimension rend beaucoup de lecteurs d'aujourd'hui perplexes : le temps est bien *une* quatrième dimension, mais il n'est pas *la* quatrième dimension. Abbott écrivit *Flatland* vingt ans avant l'invention de la théorie de la relativité, où le temps joue le rôle d'une quatrième dimension, si bien que ce paramètre ne fut pas source de confusion pour lui comme il l'est pour nous qui vivons à la fin du vingtième siècle. Toutefois, dès le dix-neuvième siècle, on avait compris que le temps apparaît dans les équations comme une coordonnée et qu'il pouvait être représenté sur un graphique. L'idée du temps comme quatrième coordonnée était comprise et utilisée de façon aussi prosaïque que dans la notification d'un rendez-vous dans une ville comme New York. «Je vous verrai au coin de la Septième Avenue et de la Quatrième Rue, au cinquième étage» se note (7, 4, 5) sur un agenda, mais l'information serait incomplète sans cette quatrième coordonnée de temps : «à dix heures», que l'on indique en écrivant (7, 4, 5, 10). Ce système quadridimensionnel, comprenant trois coordonnées d'espace et une de temps, est extrêmement utile en physique moderne ; il n'est pas seulement une facilité d'écriture mais constitue une riche structure mathématique. Pourtant cette structure mathématique n'est pas celle de l'espace ordinaire, car la dimension de temps fonctionne différemment des autres. Dans son livre, Abott nous invite à imaginer un espace quadridimensionnel «homogène», où il n'existe aucune direction privilégiée, où l'on puisse jongler avec une boîte cubique et la reposer sans se soucier de savoir quelles sont les trois directions visibles parmi les quatre possibles, puisqu'elles sont indistinguables.

Curieusement, chacun des trois types de vues que donne l'imagerie par résonance magnétique a servi à représenter des mondes de dimension inférieure dans des œuvres de science-fiction. *Flatland* offre une vue axiale d'un univers bidimensionnel. Dans *An épisode of Flatland*, également écrit en 1884, Charles Howard Hinton, contemporain et probable source d'inspiration d'Abbott, propose une vue sagittale de créatures à deux dimensions, des êtres triangulaires droitiers ou gauchers vivant à l'extérieur d'un disque. Dans une suite écrite en 1964, *Sphereland*, Dionys Burger décrit des créatures à symétrie bilatérale en se servant d'une vue frontale. Plus récemment, Alexander Dewdney a utilisé un mélange de vues sagittales et frontales dans son allégorie moderne *The Planiverse*. Chaque approche a des caractéristiques géométriques particulières et suscite des interrogations propres.

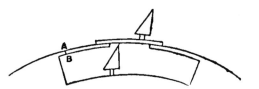

Les créatures triangulaires de An Episode of Flatland, *de Charles Howard Hinton, correspondent à une vue sagittale, ou de profil.*

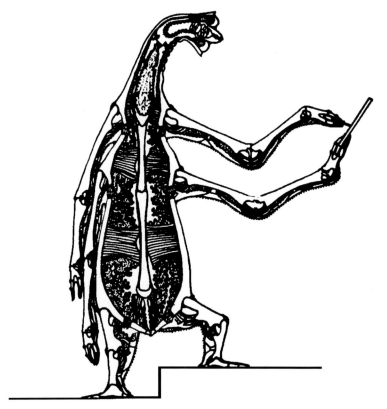

Yendred, le héros de The Planiverse de Alexander Dewdney, *est un exemple de vue frontale.*

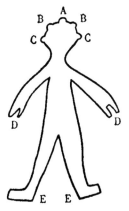

L'humanoïde plat de Sphereland *de Dionys Burger est dessiné en vue frontale.*

Coupes d'objets tridimensionnels simples

Lorsque Abbott écrivit *Flatland*, il connaissait certainement l'œuvre de Friedrich Froebel, cet éducateur d'avant garde qui inventa le terme «jardin d'enfants» et qui montra l'importance d'une présentation des formes géométriques simples aux jeunes enfants. Dans les années 1880, les idées de Froebel commencèrent à influencer l'éducation préscolaire en Angleterre et aux États-Unis, comme elles l'avaient fait plus tôt en Prusse et dans d'autres régions d'Europe.

Un des premiers «cadeaux» éducatifs de Froebel aux pensionnaires des jardins d'enfants fut un portique miniature auquel étaient suspendues trois formes tridimensionnelles élémentaires : une sphère, un cylindre et un cube. Quand on faisait tourner ces objets, les enfants pouvaient les observer sous différents angles et ainsi apprécier leurs symétries et leur structure.

Friedrich Froebel, inventeur des jardins d'enfants.

Les objets pouvaient être suspendus de plusieurs manières grâce à des anneaux fixés à leur surface. A cause de sa symétrie, la sphère n'avait qu'un anneau et présentait le même aspect sous tous les angles. Le cylindre avait trois anneaux : un premier au centre d'un disque, un deuxième sur sa circonférence et un troisième au milieu d'une génératrice. Le cube avait également trois anneaux : un au centre d'une face, un autre sur un sommet et un troisième au milieu d'une arête.

En suspendant ces objets de différentes manières, on découvre des aspects différents et, surtout, on obtient différentes séquences de coupes horizontales. Supposons que l'on immerge petit à petit l'ensemble de ces objets dans un seau d'eau. Comment la forme des «tranches» situées à la frontière des parties émergée et immergée va-t-elle évoluer ? L'examen de

Les modèles géométriques du portique de Froebel, d'après le catalogue Milton Bradley de 1889.

différentes coupes d'objets ordinaires donne une meilleure compréhension de leurs symétries et de la façon dont leurs parties s'ajustent. De telles observations nous aideront ensuite à analyser des figures plus complexes de l'espace ordinaire et, ultérieurement, des phénomènes propres aux dimensions supérieures.

Quand la sphère traverse la surface de l'eau, la séquence des coupes reproduit la visite racontée dans *Flatland* : d'un point, il naît un petit cercle qui grandit puis décroît, se réduit à un point puis disparaît. Quelle que soit la façon dont nous suspendons la sphère, la séquence est la même.

Quand nous immergeons le cube, les résultats sont plus complexes et plus intéressants. Les trois façons de suspendre un cube correspondent à trois séquences de coupes tout à fait différentes. Nous obtenons la suite de coupes la plus monotone quand l'anneau de suspension se trouve au centre d'une face carrée. Quel que soit le niveau de l'eau, toutes les coupes sont carrées et de même taille. Si *A Square* flottait à la surface de l'eau, il raconterait que, surgi de nulle part, un carré lui ressemblant est resté un moment en face de lui avant de disparaître brusquement. Il qualifierait le cube de «carré éphémère», interprétant faussement une dimension d'espace comme une dimension de temps.

Comment *A Square* pourrait-il comprendre ce qui s'est réellement passé ? Dans le récit, il est préparé à une telle visite par un rêve où il rencontre les habitants de *Lineland*, un monde à une seule dimension. Le Roi de *Lineland* est un long segment qui ne «voit» personne en dehors des deux sujets qui lui sont immédiatement adjacents. *A Square* pénètre dans ce royaume par un de ses côtés, si bien que le Roi le considère comme un «segment éphémère».

A Square *apparaissant au Roi de* Lineland *comme un «segment éphémère».*

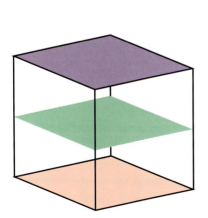

Coupes d'un cube parallèles à une face.

Que verrions nous si nous étions visités par un hypercube à quatre dimensions ? S'il traversait notre espace «un cube en avant», nous observerions un «cube éphémère». Notre situation serait analogue à celle de *A Square* essayant de concevoir la visite d'un cube tridimensionnel, ou à celle du Roi de *Lineland* s'efforçant de comprendre la traversée de son pays par *A Square.*

Parfois, les séquences de coupes révèlent des propriétés importantes de l'objet. En premier lieu, nous pouvons déterminer le nombre de sommets de l'analogue du cube dans chaque dimension. Le Roi de *Lineland* sait qu'en tant que segment, il possède deux extrémités, que nous imaginerons comme des points lumineux. Le roi et l'un de ses sujets, situés de part et d'autre du «segment éphémère», voient deux points lumineux à l'instant initial, et deux autres à la fin ; ils concluent qu'un carré possède quatre sommets. Dans son monde plat, *A Square* ne peut voir un cube dans son entier, mais il peut découvrir que cet objet a huit sommets : le «carré éphémère» résultant de la traversée du cube présenterait quatre sommets lumineux à l'instant initial et quatre autres à l'instant final, ce qui fait huit. De même, un hypercube traversant dans notre espace serait perçu comme un «cube éphémère» présentant huit sommets lumineux au départ et huit autres à la fin, soit un total de 16 sommets. Si un malin génie nous faisait franchir les limites de notre espace à trois dimensions et nous rendait ainsi capables de «voir» un hypercube dans son intégralité de la même façon que nous voyons un cube, nous nous attendrions à voir 16 sommets. Si nous assistons à la traversée d'un objet quadridimensionnel et que nous comptons davantage ou moins de sommets, nous conclurons que ce n'était pas un hypercube.

Dans *Flatland*, le lecteur est encouragé à ne pas s'arrêter à la deuxième, à la troisième ni même à la quatrième dimension. En raisonnant par analogie, on imagine qu'un cube à cinq dimensions, traversant la «surface» quadridimensionnelle d'un étang en y entrant par l'un de ses dix hypercubes quadridimensionnels, apparaîtrait sous la forme d'un «hypercube éphémère» muni de 32 sommets. Chaque fois qu'on passe à la dimension supérieure, le nombre de sommets est multiplié par deux : le nombre de sommets d'un carré est deux fois deux, ou deux au carré, celui d'un cube tridimensionnel est deux au cube. Nous concluons que dans un espace de dimension donnée, le nombre de sommets de l'équivalent du cube dans cet espace est deux élevé à une puissance égale à la dimension (ce qu'on formule plus simplement en écrivant que le nombre de sommets d'un n-cube est 2^n).

Remarquons que l'on ne s'est pas préoccupé de savoir si l'hypercube existe réellement en tant qu'objet physique. Les mathématiciens s'intéressent aux propriétés des objets géométriques, que ces derniers aient ou non une réalité physique. En tant qu'objet mathématique, un hypercube est une abstraction, mais un cube ou un carré en sont également. Personne n'a jamais vu un carré ou un cube parfait, mais cela ne nous empêche pas de concevoir leurs formes ; de même, nous pouvons former l'idée d'un hypercube.

Coupes suivant d'autres directions

Revenons au cube usuel : quelles sont les autres manières de lui faire traverser la surface de l'eau ? S'il est suspendu par le milieu d'une arête, alors l'arête opposée est la première partie immergée. Quand le cube s'enfonce davantage, la coupe prend la forme d'un rectangle dont deux côtés sont égaux aux côtés du cube, tandis que les deux autres, très petits au début, grandissent. Après être devenus aussi longs que les côtés constants, ils continuent à grandir et atteignent leur longueur maximale, presque une fois et demi le côté du cube. La longueur de ces deux côtés décroît ensuite jusqu'à zéro, et la coupe se réduit à une arête quand le cube est submergé.

La séquence de coupes la plus difficile à visualiser correspond à l'immersion d'un cube suspendu par un sommet. Le sommet opposé est le premier à être mouillé, puis la surface de l'eau coupe trois des six faces carrées, délimitant un petit triangle qui grandit. Plus tard, lorsque le cube est presque entièrement immergé, on observe une autre coupe triangulaire qui décroît jusqu'à se réduire à un point, le point de suspension.

Naturellement, nous essayons d'imaginer ce qu'il s'est passé entre ces deux phases de l'immersion : quelle est la forme de la coupe lorsque la moitié du cube est immergée ? Beaucoup de gens sont surpris par la réponse. Cette figure, perpendiculaire à une grande diagonale et passant par son milieu, est un hexagone parfaitement régulier dont tous les côtés et les angles sont égaux. Un peu de réflexion suffit pour s'en convaincre. Après tout, à la demi-immersion, on doit couper quelque chose, et il n'y a aucune raison de préférer les trois faces supérieures aux trois faces inférieures, de sorte que les intersections des six faces avec la surface de l'eau doivent être identiques. En se limitant à ces considérations de symétrie, on arrive à prévoir un hexagone. Un tel raisonnement abstrait suffit à convaincre de nombreuses personnes, mais quelques-unes préféreront voir ces figures concrètement, par exemple en remplissant un cube transparent avec un liquide coloré et en l'orientant dans des positions variées. On peut également programmer un ordinateur relié à une table traçante afin qu'il dessine des coupes du cube dans les directions voulues.

Le fait que la coupe médiane du cube soit un hexagone régulier nous renseigne sur ses symétries. Le cube a quatre grandes diagonales passant par son centre, et il y a un hexagone régulier perpendiculaire à chacune d'elles. Le milieu de chaque arête est un sommet de deux de ces hexagones.

Des motifs formés d'hexagones, de triangles ou de carrés, répétés sans interstices, constituent des pavages du plan. Les différentes façons de paver le plan avec des polygones sont l'objet d'un domaine mathématique particulier. Imaginons que l'on entasse un grand nombre de cubes égaux afin de former un cube géant. Si nous coupons ce grand cube par un plan, chacun des cubes éléments traversés par le plan aura une section polygonale. Toutes ces petites sections s'ajustent de manière à couvrir exactement une portion du plan de coupe. Si le plan de coupe est parallèle à une face du grand cube, toutes les

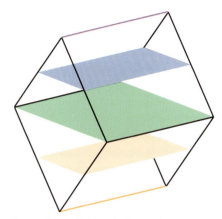

Coupes d'un cube à partir d'une arête.

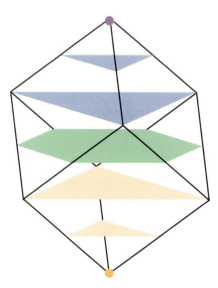

Coupes d'un cube à partir d'un sommet, perpendiculairement à une grande diagonale.

Un cube transparent à demi rempli par un liquide coloré sert à visualiser la section hexagonale médiane du cube.

petites sections sont des carrés. C'est un exemple de pavage régulier, où tous les polygones sont identiques. Choisissons à présent un plan de section perpendiculaire à une grande diagonale du grand cube. Si ce plan passe par le sommet d'un petit cube, toutes les sections sont des triangles équilatéraux égaux et nous obtenons à nouveau un pavage régulier. En revanche, si le plan passe par le centre d'un cube élément, certaines sections sont des hexagones réguliers alors que les sections adjacentes sont des triangles équilatéraux. Ce motif forme un pavage «semi-régulier» du plan, les polygones constituants étant réguliers mais à nombre de côtés variable. Des coupes dans d'autres directions donneraient des pavages du plan à base de polygones irréguliers. Les structures qui apparaissent quand les coupes sont effectuées dans différentes directions rappellent les structures rencontrées en cristallographie.

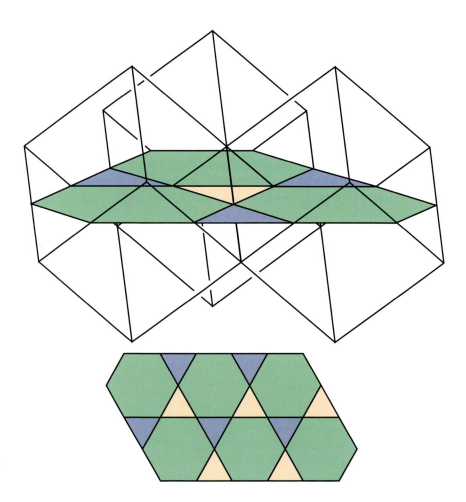

Pavage de triangles et d'hexagones résultant d'une coupe à travers un empilement de cubes.

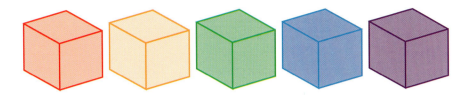

Séquence de coupes d'un hypercube traversant notre espace en y entrant par un cube.

Coupes d'un hypercube

Nous avons vu précédemment comment un hypercube nous apparaîtrait s'il traversait notre univers «cube en tête» : à l'instant initial nous verrions un cube ordinaire avec huit sommets lumineux, puis un cube sombre pendant un moment et enfin un autre cube à huit sommets lumineux. Qu'observerions-nous si l'hypercube traversait notre univers dans une autre orientation, par exemple s'il se présentait par un carré ou une arête ou encore par un sommet ? Pour répondre à de telles questions, l'ordinateur est l'outil idéal : il calcule la forme des coupes même quand les objets coupés ne peuvent être construits physiquement.

Imaginons une version à quatre dimensions du portique de Froebel, une hypersphère et un hypercube suspendus «au dessus» de notre monde tridimensionnel, considéré ici comme l'analogue de la surface de l'eau. Comment la forme des coupes changera-t-elle quand le «niveau de l'eau» s'élèvera ?

Nous avons déjà comparé la séquence des coupes de l'hypersphère à un ballon que l'on gonfle puis que l'on dégonfle. Quelles que soient les rotations que subit l'hypersphère, nous observons la même séquence. De même, la série des coupes d'une sphère ordinaire traversant *Flatland* est toujours la même. En revanche, la forme des coupes d'un cube ordinaire dépend de l'orientation du plan de coupe par rapport au cube. Il en va de même pour les coupes de l'hypercube.

Si un cube ordinaire traverse le plan en y entrant par une face carrée, les habitants du plan verront un carré éphémère ; si un hypercube traverse notre espace cube en tête, nous verrons un cube éphémère.

Un cube qui traverse le plan en y entrant par une arête engendre une série de coupes rectangulaires. L'analyse de la formation de ces coupes rectangulaires va nous servir dans l'étude des coupes de l'hypercube. Les faces carrés perpendiculaires à l'arête de devant sont coupées par des segments de droite parallèles à l'une des petites diagonales. D'abord simples points, ces segments grandissent jusqu'à la taille de la diagonale pour se réduire à nouveau à des points. Par suite, les coupes rectangulaires du cube présentent un ensemble de côtés de longueur constante et égale à celle des côtés du cube, et un ensemble de côtés de longueur variable, passant de zéro à la longueur d'une petite diagonale puis décroissant jusqu'à zéro. Les huit sommets du cube sont retrouvés dans trois coupes : deux appartiennent à l'arête du début, quatre figurent dans la plus grande coupe rectangulaire et deux appartiennent à l'arête finale.

La séquence correspondante de coupes de l'hypercube commence par une face carrée, suivie par une série de prismes rectangulaires ayant tous la même base carrée. Les côtés variables des faces rectangulaires croissent jusqu'à atteindre la longueur de la diagonale du carré initial, puis décroissent jusqu'à zéro. Les 16 sommets de l'hypercube apparaissent en trois groupes : quatre au début, huit à la mi-séquence et quatre à la fin.

Un cube ordinaire qui traverse le plan en y entrant par un sommet engendre d'abord un point qui se dilate en un triangle, se transforme en hexagone, puis redevient triangle et finalement point. Les huit sommets du cube se répartissent en quatre ensembles qui comprennent, dans l'ordre d'apparition, un, trois, trois et un sommets. Si on réalise la séquence de coupes correspondante avec l'hypercube, c'est-à-dire si on coupe l'hypercube en commençant par une arête, on voit cette arête devenir un prisme triangulaire de hauteur égale à la longueur de l'arête initiale. Ce prisme triangulaire se transforme en un prisme hexagonal, redevient un prisme triangulaire puis se réduit à une arête. Les 16 sommets de l'hypercube se répartissent en quatre ensembles qui comprennent, dans l'ordre d'apparition, deux, six, six et deux sommets.

Pour finir, si un hypercube traversait notre univers en y entrant par un sommet, nous verrions la séquence suivante : un point apparaît et se dilate en une petite pyramide triangulaire. Ce tétraèdre grossit jusqu'à contenir quatre sommets de l'hypercube, puis il subit des troncatures qui détachent ses coins et forment de nouvelles faces triangulaires qui grandissent. Aux trois-huitièmes de la traversée, la coupe tridimensionnelle est un solide dont les faces sont quatre triangles équilatéraux et quatre hexagones réguliers. Chaque hexagone correspond à la coupe médiane d'un des cubes formant la frontière de l'hypercube. Ce solide est un polyèdre semi-régulier déjà connu d'Archimède, au troisième siècle avant notre ère.

Quand le plan de section passe par le milieu de l'hypercube, les quatre hexagones deviennent des triangles et, avec les quatre triangles précédents, forment un octaèdre régulier parfait, l'un des solides platoniciens. Les six

Séquence de coupes d'un hypercube traversant notre espace en y entrant par un carré.

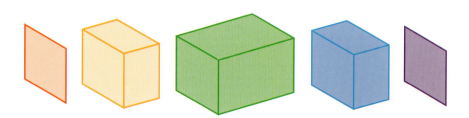

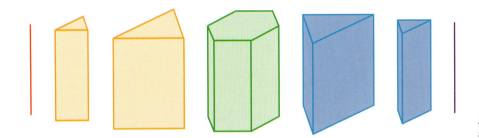

Séquence de coupes d'un hypercube traversant notre espace en y entrant par une arête.

sommets de l'octaèdre sont des sommets de l'hypercube. La seconde partie de la séquence des coupes reproduit la première dans l'ordre inverse : les quatre triangles originaux deviennent des hexagones et les quatre autres faces triangulaires décroissent jusqu'à ce qu'on obtienne un nouveau tétraèdre. Celui-ci se contracte à son tour en un point qui correspond au dernier sommet de l'hypercube. Dans cette séquence, les 16 sommets de l'hypercube sont retrouvés dans cinq coupes différentes : le sommet avant de l'hypercube, les quatre sommets du tétraèdre, les six sommets de l'octaèdre, les quatre sommets du second tétraèdre et le sommet arrière de l'hypercube.

Les sommets d'un carré traversant *Lineland* en y entrant par un coin apparaissent dans la séquence 1, 2, 1 ; ceux d'un cube traversant *Flatland* en y entrant par un coin apparaissent dans la séquence est 1, 3, 3, 1 et la séquence correspondante pour l'hypercube est 1, 4, 6, 4, 1. Ces séquences sont familières puisqu'il s'agit des coefficients binomiaux du Triangle de Pascal, décrit au chapitre deux. Nous les retrouverons au chapitre huit quand nous déterminerons les coordonnées des sommets d'un hypercube.

Déjà au siècle dernier, des mathématiciens avaient inventé des modèles afin de déterminer les séquences de coupes d'un hypercube dans différentes directions. Alicia Boole Stott fit preuve d'un certain génie en découvrant les séquences de coupes de polyèdres à quatre dimensions sans avoir reçu de formation théorique en géométrie des dimensions supérieures. Aujourd'hui, nous avons les moyens d'examiner des objets que nos prédécesseurs se contentaient d'imaginer ou qu'ils représentaient par des modèles figés. L'ordinateur

Séquence de coupes d'un hypercube traversant notre espace en y entrant par un sommet.

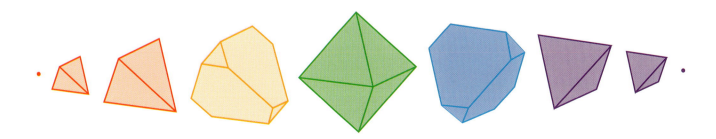

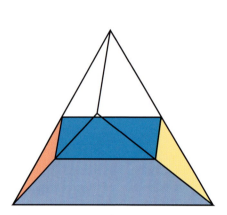

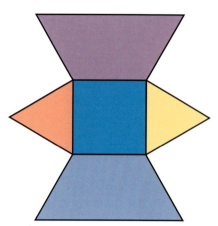

Si on coupe un tétraèdre en commençant par une arête, la coupe médiane est un carré.

Développement du demi-tétraèdre produit par la coupe médiane.

nous met en contact visuel direct avec des coupes changeantes de cubes quadridimensionnels. Nous allons voir comment interpréter ces images et dépasser ainsi les limitations que notre perspective tridimensionnelle nous impose.

Coupes d'un tétraèdre régulier

Nous pouvons utiliser les mêmes techniques de coupe pour étudier d'autres types de figures que le cube. Le tétraèdre régulier est un bon exemple. Si nous le coupons parallèlement à l'une de ses faces triangulaires, la série des coupes commence par un triangle comprenant trois des quatre sommets du tétraèdre, suivi par des triangles de plus en plus petits, et s'achève par un point, le quatrième sommet.

Quand les plans de coupe sont parallèles à deux arêtes opposées, nous obtenons des rectangles et même, quand la coupe passe par le centre du tétraèdre, un carré. Cette dernière coupe divise le tétraèdre de façon remarquable : elle produit deux parties ayant exactement la même forme. Nous pouvons réaliser un modèle en papier de ce demi-tétraèdre en pliant le patron dessiné ci-dessus. Beaucoup de personnes ont du mal à reformer le tétraèdre à partir de ces deux pièces. Si elles pensent à placer les deux carrés l'un sur l'autre, elles orientent souvent les deux pièces de manière à ce que leurs grandes arêtes soient parallèles alors qu'elles doivent être perpendiculaires. La difficulté semble être due au même type d'illusion d'optique qui nous fait juger inégaux deux segments de même longueur munis de flèches pointant en sens contraire. Dans notre exemple tridimensionnel, les grandes arêtes font apparaître les faces carrées comme des rectangles : en cherchant à les associer, on commet l'erreur d'assemblage.

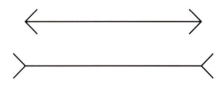

Des flèches aux extrémités de deux segments égaux les font paraître de tailles différentes.

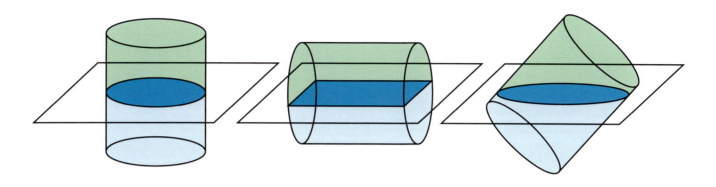

Coupe d'un cylindre suspendu par le centre d'une face circulaire.

Coupe d'un cylindre suspendu par le milieu d'une génératrice.

Coupe d'un cylindre suspendu par un point de la circonférence d'une face.

Coupes de cylindres

Le troisième solide de Froebel était un cylindre droit à base circulaire. Une fois qu'on a compris la succession des coupes de la sphère et du cube, on se représente facilement deux des trois séquences de coupes du cylindre. Quand le cylindre est suspendu par le centre d'une de ses faces circulaires, toutes les coupes sont des disques. Un cylindre traversant *Flatland* en y entrant par sa base serait perçu par les habitants de ce monde comme un «cercle éphémère».

Si nous suspendons le cylindre par le milieu d'une génératrice de sorte que ses faces circulaires soient verticales, la première coupe est un simple segment qui s'élargit ensuite en un rectangle. Celui-ci continue de croître jusqu'à ce que sa largeur soit égale au diamètre du disque de base, puis la séquence des coupes s'inverse et le rectangle se réduit à un segment.

Un cylindre suspendu par un point situé sur la circonférence d'une des faces circulaires produit des coupes plus complexes. La coupe à mi-hauteur du cylindre est une ellipse.

Grâce à ces séquences de coupes, nous arrivons à concevoir l'objet à quatre dimensions correspondant au cylindre. Traversant notre espace dans la première orientation, un tel objet apparaîtrait comme une «sphère éphémère» ; dans la deuxième orientation, nous verrions un segment se transformer en un mince cylindre, qui grandirait jusqu'à ce que son diamètre atteigne celui de la sphère, puis diminuerait pour redevenir un simple segment. Une coupe «diagonale» du même objet quadridimensionnel, passant par son milieu, donnerait un ellipsoïde, c'est-à-dire une figure dont toutes les sections planes sont des ellipses.

Coupes de cônes

A la fin du dix-neuvième siècle, un jeune dessinateur et fabriquant de jouets américain nommé Milton Bradley décida de construire des modèles géométriques pour les jardins d'enfants. A la sphère, au cylindre et au cube du portique de Froebel, il joignit un cône, muni comme les objets précédents de plusieurs anneaux de suspension. Les étudiants en sciences pouvaient imaginer des coupes, nommées sections coniques, effectuées selon différents plans. En leur présentant cet objet, Bradley faisait revivre à de jeunes étudiants un illustre chapitre de l'histoire de la géométrie dans l'espace et les confrontait à des formes ayant de nombreuses et importantes applications dans le monde physique.

Apollonios de Perga, géomètre grec du troisième siècle avant notre ère, avait remarqué un fait essentiel reliant la deuxième et la troisième dimension :

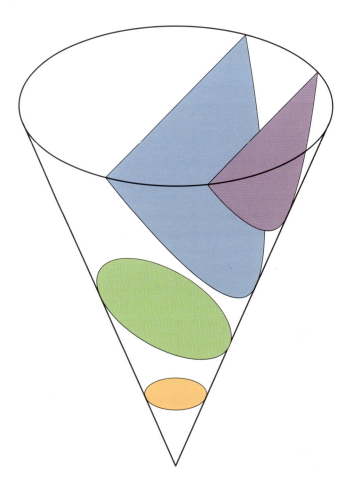

Les coupes d'un cône engendrent des sections coniques. De haut en bas : une hyperbole, une parabole, une ellipse et un cercle.

en coupant un cône «double» de différentes manières, on obtient une ellipse, une parabole ou une hyperbole. Ces trois courbes jouaient déjà un rôle important en optique car elles donnaient les formes des lentilles. Les géomètres savaient les décrire en tant que solutions de problèmes métriques. Ainsi on définissait la *parabole* comme l'ensemble des points à égale distance d'un point nommé *foyer* et d'une droite passant à l'extérieur de la courbe, la *directrice.* L'ensemble des points dont la distance au foyer est la moitié de la distance à la directrice est une *ellipse.* Plus généralement, ce nom est donné à une famille de courbes, lieux géométriques des points dont la distance au foyer et la distance à la directrice sont dans un rapport constant et inférieur à un («ellipse» signifie «manque» en grec). Quand ce rapport constant est supérieur à un, nous obtenons une courbe en deux parties : une *hyperbole.*

On rencontre fréquemment des sections coniques dans la vie courante. Un abat-jour, par exemple, en laissant passer la lumière vers le haut et vers le bas, engendre un double cône lumineux. Les frontières de ce double cône définissent le contour d'une zone lumineuse sur n'importe quelle surface interceptant la lumière. En coupant le cône lumineux selon différents angles, les murs nous présentent des sections coniques.

Si nous tenons un écran plat juste au-dessus de la lampe, nous observons un cercle lumineux qui grandit à mesure que nous éloignons l'écran. Si nous inclinons légèrement le plan, le cercle se transforme en une ellipse qui grandit également à mesure que l'écran s'éloigne (mais le rapport entre ses grand et petit axes reste constant). Plus nous augmentons l'inclinaison, plus les ellipses sont allongées. Si nous continuons à incliner l'écran jusqu'à ce qu'il soit parallèle à l'une des génératrices du cône de lumière, la section semble s'étendre à l'infini : ce n'est plus une ellipse mais une parabole.

La forme lumineuse projetée sur un mur par une lampe à abat-jour n'est généralement ni une ellipse ni une parabole. Un mur vertical proche de la lampe coupe la lumière projetée suivant les deux branches d'une hyperbole, s'étendant toutes deux à l'infini. Fréquemment les courbes supérieure et inférieure ne sont pas les branches de la même hyperbole car la position de l'ampoule ou l'inclinaison des bords de l'abat-jour ne permettent pas d'obtenir deux cônes symétriques. En plaçant une ampoule à mi-hauteur d'un abat-jour cylindrique, on obtiendrait un double cône lumineux qui, en théorie, formerait une hyperbole entière et parfaite sur un mur vertical.

Le raisonnement mathématique est irréductible aux observations physiques qui l'ont inspiré. Une ampoule réelle n'est pas une source ponctuelle de lumière et le contour de l'ombre ne sera jamais une courbe précise. Au fur et à mesure que le plan de section s'éloigne de l'ampoule, l'image devient de plus en plus floue. Dire qu'une image est un cercle ou une ellipse est déjà une abstraction. Y voir une parabole est une abstraction encore plus poussée. Quelle que soit l'intensité de la source lumineuse, il faudrait un temps infini pour tracer la parabole dans son entier, les rayons lumineux mettant déjà une année pour parcourir une année-lumière ! Toutefois nous pouvons affirmer sans crainte d'être contredits qu'idéalement, la section d'un cône parfait par un plan parallèle à une génératrice du cône est une parabole parfaite. On retrouve les coniques en optique et en mécanique céleste, où leur rôle est fondamental.

Une comète parcourant une orbite elliptique autour du soleil, telle la comète de Halley, reviendra indéfiniment et à intervalles réguliers dans le voisinage de la Terre. Au contraire, une comète décrivant une orbite parabolique ou hyperbolique finira par s'éloigner du soleil et disparaîtra à jamais. Après un petit nombre d'observations, un astronome peut déterminer le type d'orbite suivie par une comète donnée, bien que ces calculs soient parfois très délicats. Si les premières observations indiquent une trajectoire quasi-parabolique, on aura beaucoup de mal à savoir s'il s'agit d'une ellipse très allongée, auquel cas la comète reviendra après un temps très long, ou bien d'une hyperbole, ce qui exclut le retour de la comète. La forme de l'orbite est souvent trop proche d'une parabole pour que l'on puisse trancher.

Courbes et surfaces de niveau

Les techniques de coupe sont utilisées dans l'une des plus puissantes méthodes de représentation d'une information tridimensionnelle en deux dimensions, la cartographie par courbes de niveau. Imaginons une île entièrement submergée par une inondation ; nous en dresserions une carte à l'aide de photographies aériennes prises chaque jour à midi, à mesure que le niveau de l'eau diminue et qu'apparaissent les sommets des montagnes, les cols, les vallées puis les creux. Chaque jour le niveau de l'eau est différent, et le rivage forme une ou plusieurs lignes dont tous les points sont à la même altitude. On peut se représenter la courbe du rivage telle une coupe horizontale de l'île émergée. En enregistrant les transformations et les réunions de ces différentes courbes dans le temps, nous obtenons un film de la topographie de l'île. Chaque point de l'île ayant une altitude unique, deux courbes de niveau de cotes différentes n'ont aucun point d'intersection. Nous réunissons ces courbes sur un même schéma sans risque de confusion et nous les numérotons afin d'indiquer l'élévation des points d'un contour donné.

Une telle carte topographique contient beaucoup d'informations sur la troisième dimension, la hauteur. Un architecte pourrait s'en servir pour construire un modèle en relief de la surface de l'île : il découperait dans du carton épais la forme délimitée par chaque courbe de niveau puis empilerait ces «tranches» les unes sur les autres. Pour construire un modèle plus précis, il faudrait prendre davantage de photographies aériennes et obtenir ainsi des courbes de niveau intermédiaires. Nous pourrions également recouvrir le modèle avec du sable afin d'en effacer les gradins. Un ingénieur en terrassement pèserait alors le modèle et le comparerait au poids du fragment de carton équivalent à un mètre cube de terre afin d'évaluer le volume de l'île.

On peut tirer des informations utiles d'une carte topographique sans avoir à construire un modèle. Par exemple, un alpiniste préparant l'ascension d'un sommet déterminera sur la carte le meilleur itinéraire d'approche depuis le camp de base et estimera la difficulté, c'est-à-dire la raideur, des différentes voies menant au sommet.

En étudiant la séquence des coupes de l'île formées lors du retrait des eaux, nous remarquons en particulier certains niveaux «critiques» où quelque chose de neuf survient. C'est ainsi qu'une nouvelle courbe apparaît brusquement quand la décrue fait émerger un *sommet*, ou que le bord d'un lac disparaît quand le niveau de l'eau descend en dessous du fond d'un *creux* (nous admettrons que l'île est constituée d'une matière poreuse à travers laquelle l'eau s'écoule au lieu de rester piégée dans un puits quand le niveau baisse). Le *col* est un autre relief intéressant qui correspond à la réunion de deux courbes de niveau ou, au contraire, au repli d'une courbe de niveau sur elle-même et à sa division en deux nouvelles courbes. Ces deux cas sont illustrés par les histoires de deux îles que nous appellerons l'île des Pics Jumeaux et l'île du Cratère Penché.

Pour l'île des Pics Jumeaux, le premier niveau critique est un point qui grossit et devient un petit ovale. L'événement suivant est l'apparition d'un second point qui se dilate à son tour en un ovale. Le troisième niveau critique correspond à la réunion des deux ovales et à la formation d'un rivage unique. Si nous voulons décrire la topologie de cette île, nous dirons qu'elle a deux sommets, un col et pas de creux.

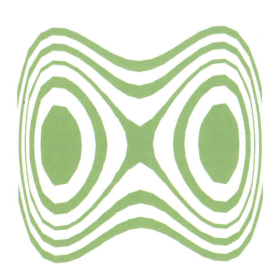

Carte topographique de l'île des Pics Jumeaux.

Carte topographique de l'île du Cratère Penché.

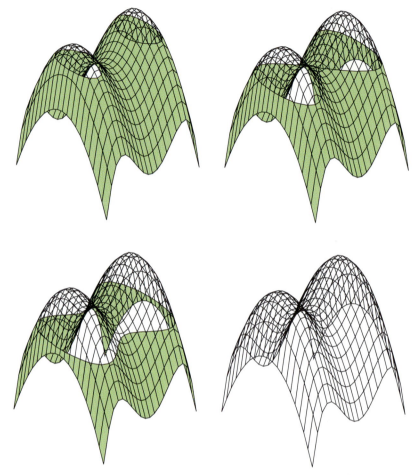

Séquence de coupes des Pics Jumeaux.

L'île du Cratère présente une tout autre séquence de coupes. Quand l'eau se retire, le premier relief à apparaître est une ligne de crête circulaire qui se dédouble aussitôt en deux rivages, le bord de mer et la rive du lac intérieur. Le lac s'assèche bientôt, ne laissant que la rive externe. Imaginons qu'un tremblement de terre modifie la topographie de l'île en exhaussant une partie de la couronne : l'histoire de l'émersion de ce nouvel atoll, rebaptisé l'île du Cratère Penché, serait légèrement différente. Lors de la décrue apparaît un point unique qui se dilate en un ovale. Les deux extrémités de l'ovale s'allongent ensuite, s'incurvent et se rejoignent en un col, au point le plus bas de la couronne. En dessous du col, nous avons deux courbes de niveau : le bord de mer et la rive du lac intérieur. Comme précédemment, si le niveau diminue

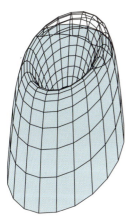 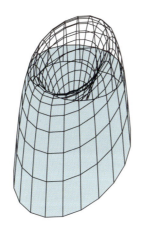 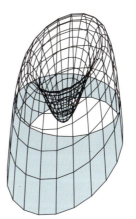 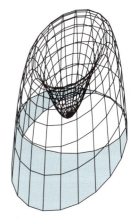

Séquence de coupes de l'Île du Cratère Penché.

encore, le lac finit par disparaître. La séquence des coupes montre que l'Île du Cratère Penché possède un sommet, un col et un creux.

En étudiant d'autres îles, nous constaterions que le nombre de sommets ajouté au nombre de creux correspond toujours au nombre de cols plus un. Ce résultat, nommé théorème des points critiques, est le fondement de l'une des plus puissantes techniques de la topologie et de la géométrie, qui a des applications en physique et en ingénierie. La théorie généralisée des points critiques est nommée théorie de Morse d'après le mathématicien américain Marston Morse qui en obtint les résultats et l'étendit aux dimensions supérieures.

Afin d'avoir un aperçu de la puissance de la théorie des points critiques, nous adopterons une fois de plus le point de vue de *A Square* flottant à la surface de l'eau. Lui-même ne se rendrait pas compte que le niveau de l'eau varie et percevrait la suite des coupes des Pics Jumeaux comme le changement d'une forme bidimensionnelle dans le temps. Il verrait ainsi deux ovales apparaître puis se joindre pour former une seule figure. *A Square* serait incapable d'apprécier dans son intégralité la forme tridimensionnelle de l'île, mais il parviendrait à distinguer cette île d'une autre qui n'aurait qu'un seul sommet. Dans notre espace, nous ne sommes pas condamnés à étudier la succession des coupes car nous avons la chance de pouvoir construire un modèle tridimensionnel.

Quelle serait pour nous l'expérience analogue à celle de *A Square* si nous flottions à la «surface» tridimensionnelle d'une mer quadridimensionnelle ? Imaginons que nous soyons à proximité d'une hyper-île immergée ; à mesure que le niveau de l'eau dans la quatrième dimension baisse, deux ovaloïdes apparaissent, grandissent puis se fondent en un seul objet. En raisonnant par analogie, nous comprenons que nous venons de voir une série de coupes tridimensionnelle des Hyper Pics Jumeaux, une île à deux sommets s'élevant dans une quatrième dimension d'espace échappant à notre expérience

Marston Morse (à droite) et un collègue à l'inauguration de l'Institut des Études Avancées de Princeton en 1938.

directe. Cette fois, nous ne pouvons plus découper les différents contours dans du carton et les empiler pour fabriquer un modèle : nous n'avons pas de matériaux de construction quadridimensionnels et nous ne connaissons pas de quatrième direction suivant laquelle empiler les pièces. Il est d'autant plus remarquable que l'on arrive à produire par des techniques infographiques des séquences de coupes d'hypersurfaces complexes de l'espace à quatre dimensions, ce que les mathématiciens nomment des sections du graphe d'une fonction à trois variables. A la fin du chapitre quatre, nous réutiliserons ce type d'analyse topographique afin de visualiser des ensembles de données géologiques.

Coupes de beignets

Les techniques de coupe servent à étudier d'autres types de surfaces régulières que des sphères ou des îles. Le tore est une forme annulaire suffisamment fréquente pour que nous nous y intéressions. La surface d'un beignet ou celle d'une bouée de sauvetage, par exemple, ont une forme de tore. A la fin de ce livre, le tore apparaîtra de nouveau dans l'étude des espaces des configurations en physique et dans les généralisations de la perspective aux dimensions supérieures, mais nous nous contenterons pour l'instant d'envisager la série de ses coupes en tant qu'objet géométrique de l'espace ordinaire.

Une des façons les plus simples d'obtenir un tore est de créer une surface de révolution. Imaginons un cercle dessiné sur un carré de papier que nous maintenons dans un plan vertical et que nous attachons par un côté vertical à un axe de rotation : quand le carré tourne autour de l'axe, le cercle dessine un tore dans l'espace. Nous obtenons une sphère par la même méthode en dessinant un demi-cercle dans un plan vertical et en attachant ses deux extrémités à l'axe.

Deux coupes hyperplanes du graphe d'un polynôme de degré quatre dans un espace à quatre dimensions. Les huit parties se joignent en douze points critiques.

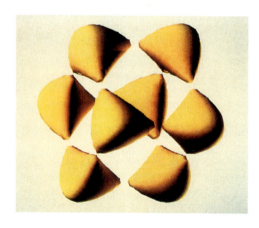 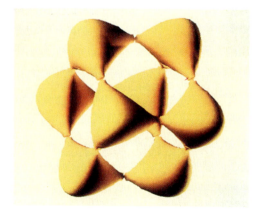

La sphère est dite «bidimensionnelle» car nous pouvons caractériser chaque point (à l'exception des pôles) au moyen de deux nombres : la latitude, précisant la position du point sur son demi-cercle méridien, et la longitude, indiquant de combien le demi-cercle a tourné. Un tore est également une surface bidimensionnelle au sens indiqué ci-dessus. Nous localisons chaque point du tore en donnant sa latitude et sa longitude, la latitude correspondant cette fois à la position du point sur la circonférence entière du cercle vertical. Ces deux coordonnées suffisent pour caractériser l'ensemble des points d'un tore de révolution : il n'y a pas de points «particuliers», comme le sont les pôles de la sphère.

Afin de se représenter la série des coupes d'un tore, imaginons que l'on trempe un beignet dans une tasse de café. Le beignet coupe d'abord la surface du café en un unique point. Si *A Square* flottait à la surface pendant que le beignet la traverse, il verrait d'abord un point se dilater en un petit disque ; il penserait qu'il reçoit la visite d'une sphère ou qu'il assiste à l'émersion d'une île à un seul sommet. Toutefois la suite des événements est tout à fait différente : deux échancrures apparaissent bientôt de part et d'autre du contour, se rapprochent et se joignent, ce qui entraîne la division du contour en deux ovales. Quand la moitié du beignet est plongée dans le café, la coupe montre deux cercles parfaits côte à côte. La seconde partie de la séquence est l'inverse de la première : les deux ovales se fondent en une seule courbe qui se réduit à un point avant que le beignet ne disparaisse sous la surface.

Coupes d'un tore tenu verticalement.

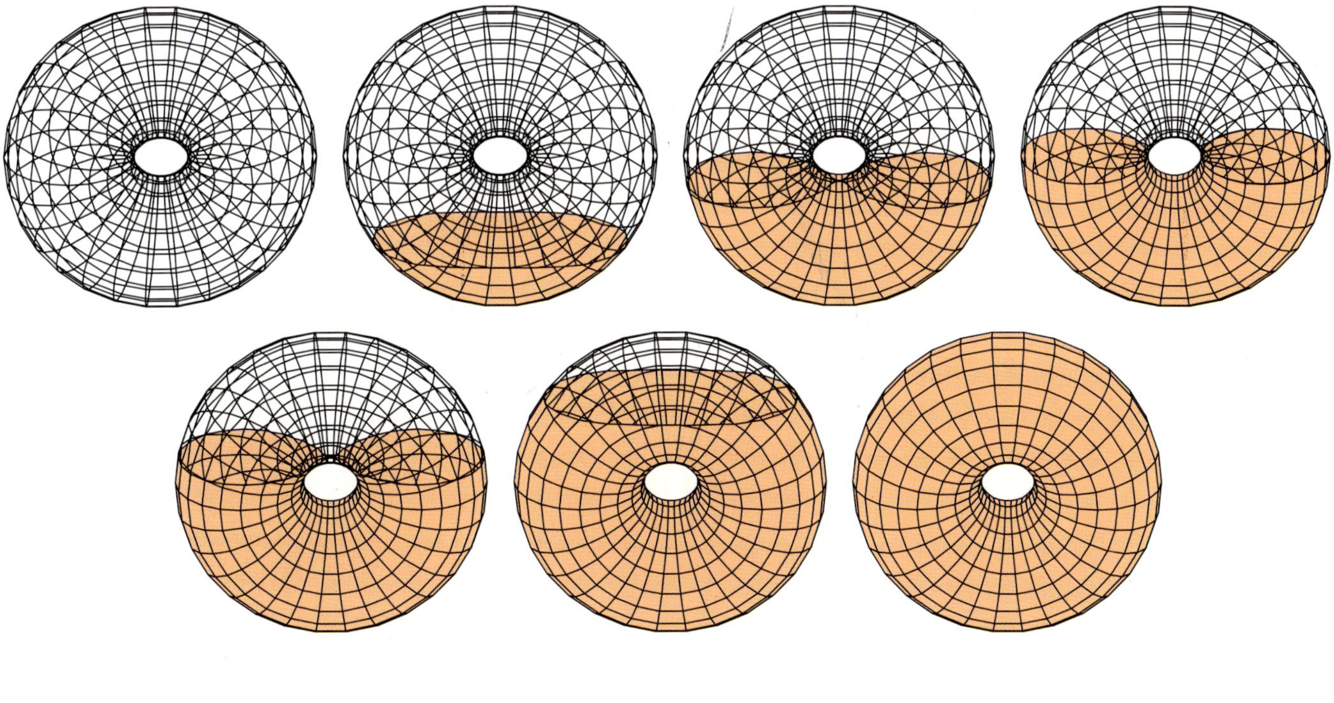

Il y a quatre niveaux critiques dans cette séquence : les deux points des coupes extrêmes et les deux figures en «huit» observées lorsque les paires de courbes se séparent ou se joignent. Cette séquence est tout à fait différente de celle des coupes d'une sphère avec ses deux niveaux critiques constitués chacun d'un point unique. La théorie des points critiques fournit des informations essentielles sur la forme des surfaces.

Les séquences de coupes d'une sphère sont toutes identiques, quelle que soit la direction choisie. Pour un tore, au contraire, la réalisation de coupes dans différentes directions donne des informations sur la structure de l'objet. Au lieu de plonger le beignet torique dans du café, découpons-le dans le sens de la longueur, par exemple pour le fourrer avec de la confiture. Nous posons le tore sur un plan de sorte qu'il repose sur un parallèle, un cercle dont tous les points ont la même latitude. Comme les plans de coupe sont horizontaux, la première coupe sera le cercle d'appui du tore. Nous observons ensuite un mince ruban en forme d'anneau limité par deux cercles concentriques dont le centre est le point d'intersection du plan de coupe avec l'axe du tore. Le cercle extérieur grandit et le cercle intérieur rétrécit jusqu'à ce que la coupe passe par le milieu du tore, après quoi les cercles se rapprochent et finissent par se confondre avec le cercle supérieur. Il n'y a que deux niveaux critiques, correspondant aux cercles extrêmes.

Si nous inclinons légèrement le tore, nous observons un phénomène différent. La séquence de coupes commence par un point unique qui se dilate ensuite en un cercle à partir duquel s'allongent deux «pseudopodes». Ces derniers se rejoignent à un niveau critique, formant une boucle qui rappelle la coupe au niveau du col de l'Île du Cratère Penché. La courbe se scinde alors en deux courbes fermées, l'une à l'intérieur de l'autre. A mi-hauteur, nous observons deux ovales concentriques puis le processus s'inverse, l'ovale intérieur revenant au contact de l'ovale extérieur pour former une courbe unique qui se réduit finalement à un point puis disparaît.

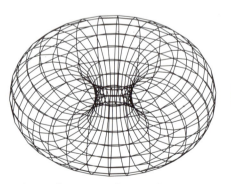
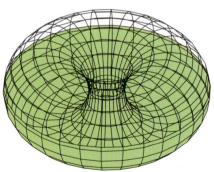
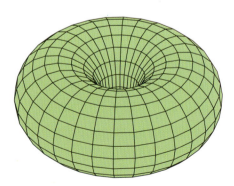

Coupes d'un tore tenu horizontalement

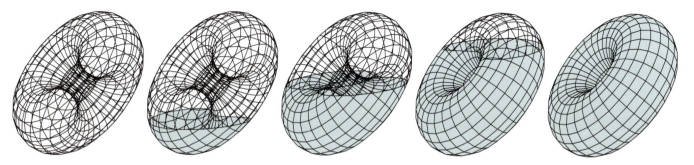

A partir d'une certaine inclinaison, la coupe médiane d'un tore révèle deux cercles identiques et sécants.

Si nous continuons à incliner le tore, la séquence des coupes finira par ressembler à celle du beignet plongé dans le café en position verticale. Avant d'en arriver là, nous passons par une position particulièrement intéressante où un changement a lieu. Dans cette position remarquable, le tore présente trois niveaux critiques au lieu de quatre. Comme précédemment, nous observons un point unique au début et un autre à la fin, mais la coupe à mi-hauteur est une courbe formée de deux cercles identiques sécants en deux points, nommés cercles de Villarceau. Les deux points d'intersection correspondent aux points où le tore est tangent au plan de coupe. Chacun des cercles entoure l'axe du tore et coupe une seule fois chaque parallèle et chaque méridien. La symétrie du tore est telle que par chaque point de sa surface passent deux de ces cercles, en plus des parallèles et des méridiens. Nous retrouverons cette famille remarquable de cercles au chapitre sept, lors de l'étude des espaces des configurations de systèmes de pendules.

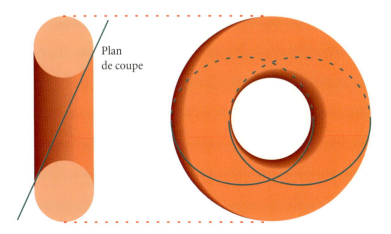

Plan
de coupe

Quand on incline le tore de façon à ce que le plan de coupe médian soit tangent au tore en deux points, la section est formée de deux cercles sécants nommés cercles de Villarceau.

4 | Ombres et structures

Platon, le premier, invita ses lecteurs à considérer l'aspect dimensionnel des ombres. La célèbre allégorie de la Caverne, dans le Septième livre de *La République*, exploite la familiarité intuitive du lecteur avec le concept de dimension. Dans cette allégorie, Platon fait un récit imaginaire : des hommes sont, dès la naissance, enchaînés dans une caverne et sont si limités dans leurs mouvements qu'ils ne peuvent voir que les ombres projetées sur le mur de la caverne par un feu situé derrière eux. Ils ne connaissent ni les couleurs, ni le clair-obcur et ils ne peuvent pas toucher les objets dont ils voient les ombres. Malgré ces limitations, ils peuvent obtenir de nombreuses informations sur les divers objets qui passent derrière eux en étudiant leurs représentations bidimensionnelles projetées sur le mur de la caverne. Dans l'allégorie, on montre aux prisonniers les ombres de différents types d'objets, par exemple des urnes. Ils arriveraient sans doute à apprécier la forme d'une urne si on la tournait de façon à révéler sa symétrie. Ils distingueraient également une grande urne d'une petite, et les plus attentifs auraient fait l'inventaire des formes d'urnes. Jouissant de notre côté d'une vision sans entraves et d'une grande liberté de mouvement, nous aurions pitié de créatures aux facultés si limitées. On imagine la stupeur d'un de ces prisonniers brusquement amené à l'air libre et découvrant le véritable aspect tridimensionnel des objets qui projetaient leurs ombres. Il serait tellement désorienté qu'il préférerait retrouver la sécurité du monde de la caverne. Toutefois, après avoir surmonté sa frayeur, ce néophyte partagerait ses connaissances avec ses compagnons restés dans la caverne.

Les ombres révèlent les formes d'objets réels et abstraits dans cette nature morte de Giorgio Morandi.

Platon savait les difficultés que rencontrerait un tel prophète. Satisfaits de leur sort, les troglodytes n'admettraient pas que leurs connaissances durement acquises soient surclassées par un autre type de vision. Le prophète devrait s'attendre à un refus, voire même craindre la persécution : ce fut le sort du maître de Platon, Socrate, comme le raconte Platon dans son *Apologie de Socrate*.

Construction d'ombres

Depuis toujours, les hommes ont été fascinés par la projection des ombres, comme on s'en aperçoit en étudiant l'emplacement des temples dans beaucoup d'anciennes civilisations. Presque tous les édifices religieux ont une orientation en rapport avec la position du soleil et des ombres à certains moments clés de l'année. Nombre de ces structures fonctionnèrent, de fait, comme des observatoires rudimentaires : on y déterminait avec précision des jours décisifs, tels les solstices d'été ou d'hiver, d'après la position des ombres projetées par les monuments. Dans certaines civilisations, les artisans et les astronomes conçurent des cadrans solaires afin de mesurer le temps avec précision, représentant l'écoulement du temps par le déplacement d'une ombre sur un plan.

Pour la plupart, les ombres sont des images projetées sur une surface plane, tel un mur ou le sol, par un objet situé entre cette surface et une source lumineuse. Dans ce chapitre, nous considérerons uniquement des ombres dessinées par la lumière du soleil, c'est-à-dire par des rayons lumineux qui sont pratiquement parallèles dans toutes les situations rencontrées. (Au chapitre six, nous envisagerons le cas de rayons lumineux émanant d'une source ponctuelle, telle un laser ou la flamme d'une bougie). Si les ombres de deux droites parallèles dans l'espace sont distinctes et situées dans le même plan, alors elles sont également parallèles. Cette propriété fondamentale permet d'utiliser les ombres pour créer des images de structures complexes tridimensionnelles, voire même à plus de trois dimensions.

Dessins de cubes et d'hypercubes

Une des façons de dessiner un cube consiste à construire un modèle de cube dans l'espace à l'aide de baguettes, puis à exposer cette maquette aux rayons du soleil. Les arêtes du cube projettent des ombres rectilignes que l'on souligne sur une feuille de papier. Un tel procédé est malcommode. Par chance, il n'est pas nécessaire de dessiner l'objet en entier ; il suffit d'en dessiner une partie que nous compléterons ensuite à loisir sans l'aide des ombres. Si nous voulons procéder de la façon la plus simple, nous dessinons trois arêtes issues d'un même sommet du cube puis nous complétons cette esquisse par trois ensembles de quatre segments parallèles.

Étant donné que des droites parallèles dans l'espace ont comme images des droites parallèles dans un plan, l'image d'un parallélogramme est toujours un parallélogramme (qui dégénère éventuellement en un segment de droite si le plan du parallélogramme est parallèle aux rayons du soleil). Par suite, la connaissance des images de deux côtés d'un carré suffit pour tracer les deux autres côtés.

Une fois connues les images des arêtes issues d'un sommet, la finition du dessin d'un cube ou d'un carré est si simple qu'on la programme facilement sur un ordinateur. Même un petit ordinateur dessinera plusieurs de ces figures en une seconde, et on voit désormais sur de nombreuses machines les images d'un cube défiler, chacune différant légèrement de la précédente, créant ainsi un dessin animé en temps réel. Les informations que traite l'ordinateur correspondent aux positions des trois arêtes issues d'un sommet du cube. Dans l'ordinateur, l'information est traitée sous forme numérique et non plus graphique. La position du sommet sur l'écran est donnée par un couple de nombres, et les extrémités des trois segments issus de ce sommet sont localisées grâce à trois autres couples de nombres. Ces huit nombres, dans un ordre déterminé, constituent l'information dont se sert l'ordinateur pour représenter les trois arêtes initiales, puis pour calculer l'emplacement des autres arêtes du cube et les représenter. Ces descriptions numériques seront étudiées au chapitre huit.

Les trois arêtes initiales du cube, issues d'un même sommet.

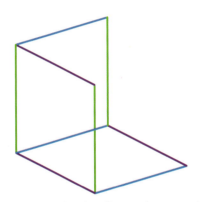

On ajoute trois paires d'arêtes, formant trois faces carrées adjacentes.

On a créé cette image de synthèse d'une maison moderne grâce à un programme qui calcule la position des ombres. Cet environnement synthétique a été superposé à une photographie numérisée.

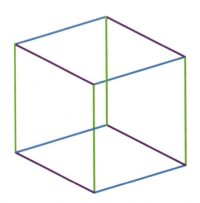

On complète le cube et les trois dernières faces carrées en ajoutant trois nouvelles arêtes.

Cette image du Musée d'Art Johnson sur le campus de l'université Cornell fut créée en 1970 au Laboratoire de Simulation Visuelle de la General Electric Corporation, à Syracuse, dans l'état de New York.

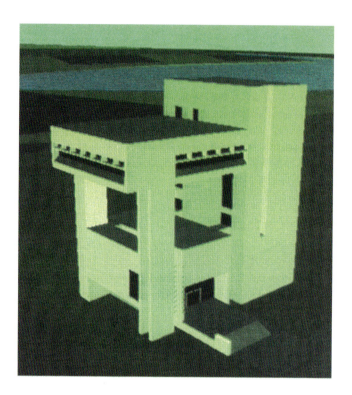

L'avantage majeur de cette méthode est qu'elle dispense de construire le cube. En procédant de la même façon, on arriverait à dessiner une tour de mille étages et même, en employant quelques techniques supplémentaires, à déterminer la forme de son ombre à midi un certain jour, à une certaine latitude. Il est tellement plus pratique d'utiliser cette méthode abstraite que de construire l'objet et d'en dessiner l'ombre !

L'histoire de la construction du Musée d'Art Johnson à l'université Cornell illustre bien la puissance de cette approche. Comme cette université fut une pionnière dans l'application des techniques infographiques à la création architecturale, les urbanistes du campus trouvèrent naturel de consulter les chercheurs du département des images de synthèse du collège d'Architecture, d'Art et de Planification. Les urbanistes avaient convenu que l'immeuble de plusieurs étages devait être érigé à proximité des centres d'activité.

L'emplacement précis dépendait de plusieurs facteurs : la préoccupation principale était que la nouvelle structure ne projette pas son ombre sur les constructions préexistantes, ni ne rompe l'équilibre du Carré de la Cour des Arts. Les experts en infographie, sous la direction de Donald Greenberg, apportèrent une réponse définitive à ces questions. Grâce à un programme interactif, les concepteurs étudièrent les sites possibles pour le bâtiment en visualisant à chaque fois la manière dont sa présence affecterait les bâtiments voisins. Fort de ces informations, le comité responsable choisit l'un des projets sans hésitations ; l'image de ce projet fit la couverture de *Scientific American* en mai 1974.

Ombre d'un hypercube

A l'aide d'un ordinateur graphique, on étudie les ombres d'un bâtiment tridimensionnel avant même qu'il ne soit construit. Mieux encore, on étudie les ombres d'objets qu'il est impossible de construire avec des matériaux tridimensionnels, par exemple un hypercube à quatre dimensions. Nous dessinons un hypercube sur une feuille de papier de la même façon que nous avons représenté les «cubes» à deux et à trois dimensions, en commençant par les arêtes issues d'un sommet puis en complétant la figure par un ensemble d'arêtes parallèles. Deux arêtes partant d'un même point suffisent pour dessiner l'image d'un carré, trois arêtes suffisent pour celle d'un cube. Quatre arêtes issues d'un même sommet détermineront l'image d'un cube quadridimensionnel. En prenant d'abord les arêtes deux à deux, nous traçons six parallélogrammes. En prenant ensuite les arêtes trois à trois, nous complétons les images de quatre cubes distincts. Enfin nous achevons la figure en traçant les quatre côtés qui manquent.

Il est possible de généraliser cette construction aux dimensions supérieures à quatre, puisque chaque dimension possède son analogue du cube. Si nous dessinons cinq arêtes issues d'un sommet, il suffira de les compléter pour former l'image d'un cube à cinq dimensions. Rien n'empêche de dessiner l'image d'un hypercube de dimension quelconque sur une feuille de papier ou sur un écran d'ordinateur.

La méthode consistant à construire un hypercube dans l'espace à quatre dimensions et à souligner le tracé de son ombre réelle n'est pas praticable, mais nous pouvons procéder autrement. Si un tel hypercube existait et projetait son ombre sur un mur, nous verrions quatre ensembles de huit segments parallèles. Une légère modification du groupe initial de quatre arêtes entraînerait une modification correspondante de l'ensemble de la figure ; en enregistrant une succession d'images telles que chacune dérive de la précédente par une légère modification, nous obtiendrions un dessin animé de l'objet mouvant. Naturellement, dessiner ces images à la main serait fastidieux. Bien qu'au siècle dernier des mathématiciens et des dessinateurs aient représenté des ombres individuelles de ce type, on ne réalisa des dessins animés d'hypercubes en rotation qu'après l'invention de l'ordinateur. La première de ces séquences fut réalisée dans les années 1960 par A. Noll et ses collaborateurs des laboratoires Bell. La version la plus complète, *The Hypercube : Projections and Slicing*, fut réalisée par Charles Strauss et moi à l'université Brown en 1978 et faisait partie d'une communication destinée au congrès international des mathématiciens qui se tenait à Helsinki.

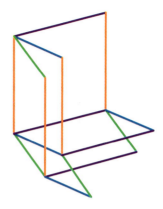

A partir des quatre arêtes initiales, on dessine six faces carrées ayant un sommet de l'hypercube en commun.

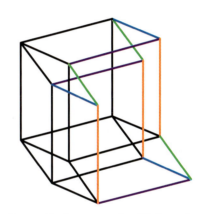

On complète les quatre cubes définis par les six faces carrées prises trois à trois.

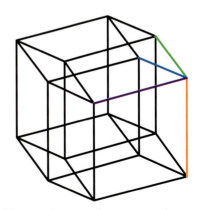

L'hypercube complet comprend quatre ensembles de huit arêtes parallèles.

Ombres à trois dimensions de l'hypercube

En raisonnant par analogie, nous imaginons un espace à quatre dimensions où un hypercube intercepte la lumière d'un soleil, créant une ombre tridimensionnelle. Pour représenter une telle ombre en trois dimensions, nous procédons de la même manière que pour dessiner les ombres planes.

Nous commençons par assembler quatre arêtes autour d'un même sommet en évitant que trois d'entre elles soient dans un même plan. Nous complétons ensuite les paires d'arêtes, formant six parallélogrammes, puis les triplets d'arêtes, formant quatre parallélépipèdes, des cubes déformés dont les six faces sont des parallélogrammes. Enfin nous plaçons les quatre dernières arêtes, complétant ainsi les quatre ensembles de huit arêtes parallèles qui définissent l'ombre de l'hypercube. Nous pouvons construire un tel modèle avec des tiges ou des fils ou programmer un ordinateur afin de découvrir l'aspect du modèle en rotation dans l'espace tridimensionnel comme s'il était filmé. Bien que l'écran de l'ordinateur soit bidimensionnel, il présente des séquences animées qui révèlent la forme des ombres tridimensionnelles de cubes de dimensions supérieures.

Bien avant l'apparition des ordinateurs graphiques, des artistes et des dessinateurs construisirent des images tridimensionnelles d'objets de dimension quatre ou plus. Deux ensembles de travaux remarquables sont dus non à des mathématiciens mais à des amateurs qui étaient fascinés par les problèmes que pose la visualisation de ces objets étranges. Les modèles en fils de fer de projections de cubes de dimensions supérieures, joints à d'autres objets réalisés par Paul Donchian, sont exposés dans le cadre d'une exposition permanente à l'Institut Franklin à Philadelphie. (Un modèle est représenté au chapitre cinq). David Brisson, professeur à l'école de dessin de Rhode Island et fondateur du Groupe d'Artistes Hypergraphiques, a sculpté des cubes à quatre, cinq et six dimensions. (Une aquarelle montrant deux vues d'un hypercube est reproduite au chapitre six).

Compter les arêtes des cubes de dimensions supérieures

A première vue, l'image d'un hypercube quadridimensionnel dans le plan est un enchevêtrement confus de segments de droites, et les images de cubes de dimensions supérieures sont quasi kaléidoscopiques. Une manière de comprendre la structure de tels objets est d'en analyser les composants de dimension inférieure.

Un carré possède quatre sommets, quatre arêtes et une face. Sur un modèle de cube, nous comptons huit sommets, douze arêtes et six faces carrées. Nous savons qu'un cube à quatre dimensions a 16 sommets, mais combien contient-il d'arêtes, de faces carrées et de cubes ? Des projections d'ombres vont nous aider à répondre à ces questions ; elles feront apparaître des relations conduisant aux formules du nombre d'arêtes et du nombre de faces carrées dans un cube de dimension quelconque.

On trouve facilement les caractéristiques d'un cube dans une dimension donnée en imaginant qu'il est engendré par le déplacement d'un cube de dimension inférieure. Un point qui se déplace engendre un segment ; un segment qui se déplace sur une distance égale à sa longueur engendre un carré ; un carré engendre un cube, et ainsi de suite. Les relations qui apparaissent dans cette progression permettent de prédire le nombre de sommets et d'arêtes.

Chaque fois que nous déplaçons un cube afin d'engendrer un cube de dimension supérieure, le nombre de sommets double. Pour s'en convaincre, il suffit de remarquer que les positions initiale et finale apportent chacune le même nombre de sommets. A partir de cette information, nous déduisons la formule explicite donnant le nombre de sommets d'un cube de dimension quelconque *n*, à savoir 2 exposant *n*.

Qu'en est-il du nombre d'arêtes ? Un carré a quatre arêtes et quand il se déplace, chacun de ses quatre sommets engendre une nouvelle arête. Nous comptons quatre arêtes initiales, quatre arêtes finales et quatre arêtes tracées lors du mouvement, soit un total de douze arêtes. Ce raisonnement est généralisable : quand nous engendrons une figure en déplaçant une figure de dimension inférieure, le nombre d'arêtes de la figure résultante est égal au double du nombre initial d'arêtes plus le nombre de sommets déplacés. Ainsi le nombre d'arêtes d'un cube à quatre dimensions est 2 fois 12 plus 8, soit 32. Pour un cube à cinq dimensions, nous trouvons 32 + 32 + 16 = 80 arêtes, et pour un cube à six dimensions, 80 + 80 + 32 = 192 arêtes.

Une solution pour trouver le nombre d'arêtes d'un cube de dimension quelconque est de procéder par itération. Si nous voulons connaître le nombre d'arêtes d'un cube à onze dimensions, nous pouvons répéter dix fois le calcul précédent, mais ce serait plutôt fastidieux, et ça le serait encore plus pour un cube de dimension 101. Heureusement, il n'est pas nécessaire d'effectuer tous ces calculs intermédiaires car il existe une formule explicite donnant le nombre d'arêtes d'un cube de dimension quelconque.

L'examen des résultats déjà obtenus, disposés dans un tableau, nous met sur la voie de cette formule.

	Dimension du cube					
	1	2	3	4	5	6
Nombre de sommets	2	4	8	16	32	64
Nombre d'arêtes	1	4	12	32	80	192

En factorisant les nombres de la dernière ligne, nous remarquons que le cinquième nombre, 80, est divisible par cinq et que le troisième, douze, est divisible par trois : le nombre d'arêtes d'un n-cube est divisible par n.

	Dimension du cube					
	1	2	3	4	5	6
Nombre d'arêtes	1	2 x 2	3 x 4	4 x 8	5 x 16	6 x 32

Cette factorisation révèle la relation recherchée, que l'on énoncera ainsi : le nombre d'arêtes d'un hypercube dans une dimension donnée n est égal au produit de n par la moitié du nombre de sommets de l'hypercube n-dimensionnel. Cette formule se démontre aisément par récurrence.

Il existe un autre moyen de déterminer le nombre d'arêtes d'un cube dans une dimension quelconque. En généralisant le raisonnement suivi pour dénombrer les arêtes d'un cube donné, nous arrivons au résultat sans avoir à établir une progression dimensionnelle. Considérons pour commencer un cube tridimensionnel. De chaque sommet partent trois arêtes ; comme il y a huit sommets, nous multiplions ces deux nombres et nous obtenons un total de 24 arêtes. Nous voyons que ce résultat est incorrect puisque nous avons compté chaque arête deux fois, une fois par extrémité. Le nombre exact d'arêtes est douze, c'est-à-dire trois fois la moitié du nombre de sommets. Le même raisonnement s'applique à un cube quadridimensionnel : quatre arêtes partent de chacun des 16 sommets et le produit de ces deux nombres est 64, soit le double du nombre d'arêtes du cube quadridimensionnel.

De manière générale, si nous voulons dénombrer les arêtes d'un cube de dimension donnée n, nous commençons par remarquer que chaque sommet reçoit un nombre d'arêtes égal à la dimension n du cube et que le nombre de sommets est deux élevé à cette dimension, soit 2^n. Le produit $n \times 2^n$ donne le résultat du dénombrement des arêtes quand chaque arête est comptée deux fois, une fois pour chaque extrémité. Le nombre exact d'arêtes d'un cube de dimension n est la moitié de ce produit, soit $n \times 2^{n-1}$. Par exemple, le nombre de sommets d'un cube à sept dimensions est $2^7 = 128$, et le nombre de ses arêtes est $7 \times 2^6 = 7 \times 64 = 448$.

Simplexes de dimensions supérieures

L'ombre d'une pyramide d'Égypte est entièrement déterminée par l'ombre de son sommet. Comme l'ombre d'une arête formant la base est fixe et occupe la même position que l'arête, à tout instant, l'ombre d'une arête issue du sommet est un segment joignant un coin de la base à l'ombre du sommet. Cette remarque vaut pour toute pyramide, quelle que soit la forme de sa base. Dans le cas d'une pyramide triangulaire, une fois connues les positions des ombres des quatre sommets, nous construisons les ombres des arêtes en reliant simplement toutes les paires d'ombres de sommets par autant de segments. Nous arrivons ainsi à compléter l'ombre sans construire l'objet.

Le triangle et la pyramide triangulaire ont des analogues dans les dimensions supérieures, nommés *simplexes*. Trois points non alignés d'un plan déterminent un triangle ou simplexe de dimension deux. Quatre points non coplanaires de l'espace déterminent une pyramide triangulaire, ou tétraèdre,

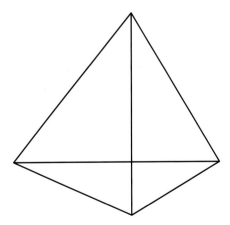

L'ombre d'une pyramide triangulaire, ou tétraèdre.

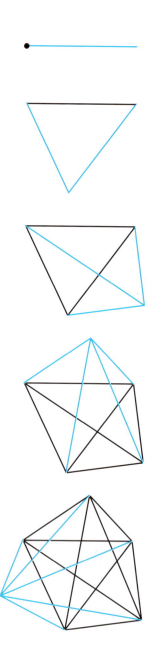

Les simplexes des six premières dimensions (de 0 à 5).

ou encore simplexe de dimension trois. Un simplexe de dimension *n* est la plus petite figure convexe comprenant *n* + 1 points donnés d'un espace de dimension *n*, ces points ne devant pas contenus dans un sous-espace de dimension inférieure. En déterminant le nombre d'arêtes, de triangles et d'autres simplexes de dimension inférieure contenus dans un simplexe de dimension *n*, nous trouvons une relation qui apparaît sous d'autres formes en algèbre et en théorie des probabilités. Le fait de retrouver une même structure dans différentes branches des mathématiques constitue l'une des plus belles surprises que réserve cette science.

En même temps que nous dessinons des simplexes de dimension croissante, nous pouvons dénombrer leurs arêtes. Partant d'un point, ajoutons un deuxième point distinct du précédent et dessinons la première arête en reliant ces deux points. Choisissons ensuite un troisième point non aligné avec les précédents, à partir duquel nous traçons deux nouvelles arêtes, portant le total à trois. L'étape suivante consiste à choisir un quatrième point hors du plan contenant les trois premiers et à le relier à ces points par trois nouvelles arêtes, ce qui donne un total de six arêtes. En répétant ces opérations, nous obtenons un simplexe de dimension quatre, la figure la plus simple définie par cinq points. Il faut d'abord choisir un point hors de l'espace tridimensionnel contenant les quatre premiers points, puis le relier à ces points par quatre nouvelles arêtes, ce qui fait un total de dix. Afin d'interpréter l'image correspondante, nous imaginerons que le cinquième point se trouve dans une quatrième dimension et que nous observons les ombres des segments reliant ce point aux quatre points du simplexe de dimension trois. Si nous regroupons les résultats dans un tableau, une loi apparaît.

	Dimension du simplexe					
	0	1	2	3	4	5
Nombre de sommets	1	2	3	4	5	6
Nombre d'arêtes	0	1	3	6	10	15

Nous voyons que le nombre d'arêtes à chaque étape est égal à la somme de tous les entiers inférieurs au nombre d'étapes effectuées, c'est-à-dire au nombre de sommets. Ainsi pour six sommets on a 1 + 2 + 3 + 4 + 5 = 15 arêtes. Cela apparaît clairement dans la procédure suivie puisque chaque nouveau point est relié à tous les précédents.

Avec les combinaisons, nous découvrons une façon différente de déterminer le nombre d'arêtes d'un simplexe. Chaque sommet étant relié à tous les autres, le nombre d'arêtes est égal au nombre de paires de sommets, c'est-à-dire au nombre de combinaisons différentes de deux sommets choisis parmi n sommets. Si on part de $n + 1$ sommets, on a $n + 1$ possibilités pour le premier élément de la paire et n possibilités parmi les points restants pour le second. Le produit de ces nombres ne donne pourtant pas le résultat recherché, car il correspond à un dénombrement où chaque paire est comptée deux fois, si bien que le nombre d'arêtes est $n (n + 1)/2$.

Dans les tests de perception spatiale, des étudiants doivent identifier une figure simple à l'intérieur d'une figure compliquée : le décompte des arêtes d'une figure est l'une des tâches les plus classiques. Si l'on voulait augmenter la difficulté, on leur demanderait de dénombrer les triangles du simplexe à chaque étape. Le simplexe de dimension trois comprend quatre triangles. Le simplexe de dimension quatre conserve ces quatre triangles, auxquels s'ajoutent six nouveaux triangles formés par les arêtes reliant les sommets du simplexe de dimension trois au nouveau sommet, soit un total de dix triangles. Nous pouvons compléter le tableau précédent en y ajoutant la ligne suivante :

	Dimension du simplexe					
	0	1	2	3	4	5
Nombre de triangles	0	0	1	4	10	?

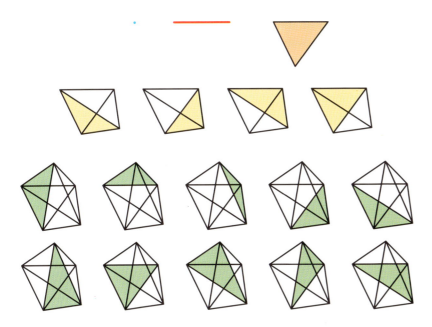

Les faces triangulaires des simplexes des cinq premières dimensions (de 0 à 4).

A chaque étape, le nombre de triangles formés par un nombre donné de points est la somme du nombre de triangles et du nombre d'arêtes de l'étape précédente. Par exemple, le nombre de triangles du simplexe de dimension cinq comprenant six points est 10 + 10 = 20 ; de façon générale, le nombre de triangles formés par n points est $n(n-1)(n-2)/6$. Le simplexe compte autant de triangles qu'il y a de triplets distincts de sommets, ce qui correspond au nombre de combinaisons de n objets pris trois à trois. Plus généralement le nombre de simplexes de dimension k contenus dans un simplexe de dimension n est égal au nombre de combinaisons de $n + 1$ éléments pris $k + 1$ à $k + 1$, c'est-à-dire :

$$C(n+1, k+1) = \frac{(n+1)!}{(k+1)!(n-k)!}$$

où n ! désigne le produit des nombres entiers de 1 à n. En calculant les différentes valeurs du nombre de simplexes de dimension k par cette formule, nous retrouvons les coefficients du binôme de Newton présenté au chapitre deux. Ils apparaissent d'une manière encore différente quand on dénombre les faces d'un cube de dimension quelconque.

Dénombrement des faces de cubes de dimensions supérieures

A la suite des simplexes correspond une suite analogue de cubes dans les différentes dimensions. Commençons par dresser le tableau suivant :

	Dimension du cube				
	0	1	2	3	4
Nombre de cubes à 0 dimension	1	2	4	8	16
Nombre de cubes à 1 dimension	0	1	4	12	?
Nombre de cubes à 2 dimensions	0	0	1	6	?
Nombre de cubes à 3 dimensions	0	0	0	1	?
Nombre de cubes à 4 dimensions	0	0	0	0	1

Trouver les nombres manquants pour le cube à quatre dimensions est plus compliqué que de compter les sommets, les arêtes et les faces d'un cube ordinaire. Nous avons vu que pour engendrer un hypercube, il faudrait déplacer

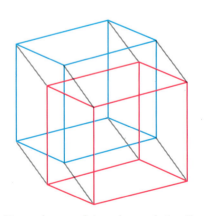

Hypercube engendré par la translation d'un cube perpendiculairement à toutes ses arêtes.

un cube ordinaire perpendiculairement à toutes ses arêtes, ce qu'on représente imparfaitement en dessinant un second cube obtenu par la translation du premier. Dessinons le premier cube en rouge et le second en bleu. Quand le cube rouge se déplace pour donner le cube bleu, les huit sommets décrivent huit arêtes parallèles. Nous comptons douze arêtes sur le cube rouge, douze sur le bleu et huit nouvelles arêtes, soit un total de 32 arêtes pour l'hypercube.

Déterminer le nombre de faces carrées de l'hypercube pose plus d'un problème, mais un raisonnement similaire nous conduit au résultat. Il y a six faces carrées sur le cube rouge, six sur le bleu et douze autres faces seront engendrées par le déplacement des arêtes, soit un total de 24.

Les arêtes de l'hypercube de dimension quatre se regroupent en quatre ensembles de huit arêtes parallèles. De même, les faces carrées forment six ensembles de quatre faces parallèles, chaque sommet étant commun à six carrés, un par ensemble. La figure en bas à gauche montre deux de ces ensembles ; un autre est représenté sur la figure de droite. Nous identifions facilement les trois autres groupes de quatre carrés et nous obtenons ainsi l'ensemble de 24 carrés de l'hypercube. Remarquons qu'il est plus facile d'identifier les quatre carrés s'ils ne se superposent pas, et que cela devient d'autant plus difficile que les recouvrements sont importants.

Cette façon de grouper les faces d'un objet est particulièrement efficace quand l'objet possède un grand nombre de symétries, comme c'est le cas de l'hypercube. Un segment possède une symétrie centrale ; on s'en aperçoit en échangeant ses extrémités. Un carré possède un nombre de symétries bien plus grand : il est invariant par rotation de un, deux ou trois quarts de tour autour de son centre, et par réflexion par rapport à ses diagonales ou à ses médianes. Le groupe des symétries du cube, encore plus grand, est tel qu'on peut amener n'importe quel sommet sur n'importe quel autre sommet, et toute arête ou tout carré liés au premier sommet sur une arête ou un carré liés au second. L'ensemble des symétries est l'un des exemples les plus

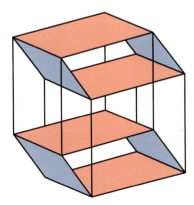

Deux groupes de quatre faces parallèles dans un hypercube.

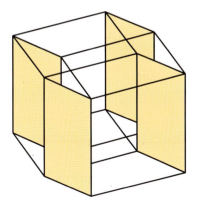

Un autre groupe de quatre faces parallèles dans un hypercube.

importants d'une structure algébrique connue sous le nom de groupe. L'analyse des groupes de symétrie constitue un outil extrêmement efficace en géométrie moderne et dans les applications de la géométrie à la chimie moléculaire et à la physique quantique.

En raison de la symétrie de l'hypercube, tous les sommets se ressemblent. Si l'on sait comment les choses se présentent en un sommet, on devine comment elles se présentent en n'importe quel autre. Chaque sommet est partagé par autant de carrés qu'il y a de façons de choisir deux arêtes parmi les quatre issues du sommet, c'est-à-dire six. Comme l'hypercube a 16 sommets, nous pouvons faire le produit 6 × 16 = 96, mais cela ne donne pas le résultat car nous avons compté chaque carré quatre fois, une fois par sommet. Le nombre de faces carrées du cube à quatre dimensions est donc 96/4, soit 24.

Il est possible d'exprimer ces résultats par une formule générale. Notons $Q(n,k)$ le nombre de cubes à k dimensions dans un cube à n dimensions. Afin de trouver l'expression de $Q(n,k)$, nous commençons par déterminer le nombre de cubes à k dimensions qui se contactent en chaque sommet. A partir de chaque sommet partent n arêtes ; k d'entre elles déterminent un cube à k dimensions. Par suite, le nombre de cubes à k dimensions qui se contactent en chaque sommet d'un cube à n dimensions est $C(n,k) = n!/k!(n-k)!$, le nombre de combinaisons de n objets pris k à k. Comme il y a $C(n,k)$ cubes à k dimensions autour de chacun des 2^n sommets, le produit $2^n C(n,k)$ donne le résultat du dénombrement des k-cubes en comptant chaque cube 2^k fois. Le nombre de cubes à k dimensions dans le cube à n dimensions est donc $Q(n,k) = 2^{n-k} C(n,k)$.

Un coup d'œil au tableau suivant révèle que les sommes des résultats par colonnes donnent les puissances de trois successives.

	Dimension du cube				
	0	1	2	3	4
Nombre de 0-cubes	1	2	4	8	16
Nombre de 1-cubes	0	1	4	12	32
Nombre de 2-cubes	0	0	1	6	24
Nombre de 3-cubes	0	0	0	1	8
Nombre de 4-cubes	0	0	0	0	1
Somme par colonne	1	3	9	27	81

Il y a plusieurs manières de vérifier cette observation. On remarque que chaque terme est la somme du double du terme juste à sa gauche et du terme juste au-dessus de ce dernier, de sorte que la somme des termes d'une colonne est le triple de la somme des termes de la colonne précédente. En raisonnant par récurrence, on arrive à une démonstration. Une autre solution est d'utiliser la formule explicite du nombre de k-cubes dans un cube à n dimensions afin de calculer la somme :

$$Q(n,0) + Q(n,1) + Q(n,2) + \ldots + Q(n,n-1) + Q(n,n)$$
$$= 2^n + 2^{n-1}C(n,1) + 2^{n-2}C(n,2) + \ldots + 2\,C(n,n-1) + C(n,n)$$
$$= (2 + 1)^n = 3^n$$

La démonstration la plus satisfaisante de ce résultat algébrique repose sur une observation simple : en divisant les arêtes d'un cube de dimension n en trois parties égales, on divise le n-cube lui-même en 3^n petits cubes de même dimension. Chaque sommet du cube initial est alors associé à un unique petit cube, ainsi que le milieu de chaque arête, le centre de chaque face bidimensionnelle, et ainsi de suite. Le dernier petit cube se trouve au centre du cube de dimension n. Par suite, le nombre total de petits cubes correspond à la somme des nombres de cubes à k dimensions contenus dans le cube à n dimensions, k variant de 0 à n, et cette somme vaut 3^n. Un des objets que Friedrich Froebel destinait aux jardins d'enfants était un cube divisé en 27 petits cubes. Il aurait apprécié cette dernière démonstration.

Un cube subdivisé en 27 petits cubes.

Paléoécologie et représentation des données

Les techniques de coupe et de projection sont de puissants outils pour l'analyse des figures géométriques, et servent également à l'étude d'ensembles complexes de données. Nous illustrerons cette dernière application par un exemple reprenant plusieurs thèmes de ce chapitre et du précédent.

Dans le cadre d'un important projet de recherche en paléoécologie, le professeur Tom Webb et ses collaborateurs du département de géologie de l'université Brown reconstituent les modifications climatiques sur des milliers d'années en étudiant l'évolution de la végétation. Ils obtiennent leurs informations en faisant l'inventaire des grains de pollen contenus dans des carottes de sédiments lacustres. A l'intérieur de ces longs cylindres verticaux de sol compact, les grains de pollen sont conservés dans l'ordre chronologique de leur dépôt, les plus anciens étant situés dans la partie inférieure de la carotte et les plus récents dans la couche du sommet.

Afin de vérifier la chronologie, les sédiments sont datés au radiocarbone. En mesurant la quantité relative des différents types de pollen, les chercheurs établissent l'importance des différentes espèces d'arbres et de plantes herbacées au sein de l'écosystème. En particulier, ils découvrent si le paysage ancien était une forêt ou une prairie en comparant la quantité de pollen de chêne et de sapin par rapport au pollen des herbacées constituant la flore des prairies.

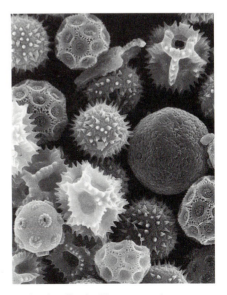

Grains de pollen fossilisés vus au microscope : on distingue facilement différentes variétés.

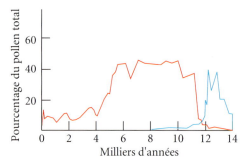

Graphique représentant les quantités de pollens d'herbacées et de pin en fonction du temps. Les échantillons proviennent d'un même site du Michigan et couvrent une période de 14 000 ans.

Les études dans ce domaine portent habituellement sur les échantillons d'un site unique. Les chercheurs comptent les grains de pollen dans les différentes couches de la carotte, sachant que plus le forage est profond, plus ils remontent loin dans l'histoire du site. Ils représentent l'abondance du pollen d'herbacées en fonction du temps sur un graphe dont l'axe horizontal indique le temps écoulé depuis que le pollen s'est déposé et l'axe vertical le pourcentage par rapport au pollen total. Cette présentation visuelle des données montre comment la quantité de pollen croît ou décroît sur des périodes de plusieurs milliers d'années. Cependant le graphique n'indique pas si les fluctuations en ce site correspondent à celles des sites voisins. Le site choisi était peut-être un lac isolé où un marécage se formait, ce qui aurait entraîné l'apparition d'une flore locale non représentative de la végétation environnante.

Afin d'éliminer cette possibilité, nous avons intérêt à comparer le graphe du site avec celui d'un site voisin. Pour ce faire, nous dessinons les graphes sur des feuilles transparentes : en les superposant, nous voyons si les changements de l'un des sites apparaissent à droite des changements de l'autre site, ce qui indiquerait que les modifications du premier site sont plus anciennes ; plus généralement, la comparaison des formes des graphes révèle si les deux systèmes étudiés ont le même comportement d'ensemble. En portant sur un troisième graphe la différence des deux courbes, il serait encore plus facile de voir les sites dont les évolutions diffèrent le plus. On nomme cette méthode filtrage haute fréquence.

Si nous étudions une série de sites sur un même tracé, par exemple un sentier au flanc d'une colline, ou suivant une ligne imaginaire tel un méridien, nous nous ferons une idée des variations de la végétation le long de cette ligne en empilant les graphes de tous ces sites. La pile des feuilles transparentes où sont inscrits les graphes constitue un «bloc diagramme» tridimensionnel dont un axe représente le temps (ou la profondeur de la carotte), un autre l'espace (la distance parcourue sur la ligne), et le troisième la proportion d'un ou de plusieurs types de pollen. Dans ce dernier cas, on code par une couleur distincte chaque type de pollen afin d'en représenter plusieurs sur la même feuille. Si nous voulons voir du premier coup d'œil les sites où le pollen d'herbacées est plus abondant que, par exemple, celui de sapin, il suffit de reporter sur une nouvelle feuille la différence entre les quantités des deux types de pollen. Le bloc diagramme résultant, muni d'une dimension de plus, permet de représenter plus de données à la fois, et de voir des relations qui n'apparaissent pas quand on dispose les données dans des tables ou en séries temporelles isolées.

En réalité, la dimension de l'ensemble des données est plus grande que dans l'exemple précédent. Les sites étudiés se répartissent sur tout un territoire et non seulement sur le flanc d'une colline ou le long d'un méridien. Nous partons d'une région bidimensionnelle et, pour chacun des sites étudiés, d'un graphe bidimensionnel donnant la proportion des herbacées en fonction du temps. L'ensemble des données est à quatre dimensions : comment le représenter ?

Notre expérience récente des représentations mathématiques des dimensions supérieures nous a préparé à l'analyse d'un tel ensemble : nous savons qu'il est possible de réduire sa dimension par des coupes ou des projections. Les coupes sont l'outil le plus facile à utiliser dans ce type d'étude. En empilant les graphes des sites qui se trouvent le long d'un même parallèle, nous effectuons une coupe tridimensionnelle de l'ensemble quadridimensionnel des données.

En réalisant une série de tels blocs diagrammes tridimensionnels à différentes latitudes, nous découvrons comment la nature de la végétation varie quand on se déplace vers le Nord. Si nous voulions comparer les évolutions de la végétation sur la même période à mesure qu'on se déplace vers l'Ouest, il faudrait faire une autre série de coupes : après avoir réunis les sites de même longitude en différentes piles, nous comparerions deux ou toute une série de ces représentations tridimensionnelles.

Nous aimerions présenter nos données de manière à pouvoir interrompre le défilement des blocs diagrammes de longitudes croissantes et examiner une de ces représentations tridimensionnelles plus en détail, ou encore observer deux graphes tridimensionnels de longitude légèrement différentes en même temps afin de nous faire une idée de l'ensemble. La solution consiste à projeter ces données, une technique courante pour convertir des structures à trois dimensions en figures bidimensionnelles sur un écran d'ordinateur ou sur une simple feuille de papier. Si nous projetions des parties de l'ensemble à quatre dimensions dans l'espace à trois dimensions, il y aurait un effet de superposition : nous verrions deux blocs tridimensionnels voisins se chevaucher dans l'espace, l'axe d'un bloc étant légèrement décalé par rapport à l'autre. Pour avoir un aperçu de ce chevauchement, il suffit de dessiner un cube en commençant par le carré de base puis en traçant le carré supérieur avec une légère inclinaison. L'étude de telles représentations bidimensionnelles de configurations à trois dimensions est une étape indispensable avant de passer aux projections tridimensionnelles obliques d'un ensemble de données dans un espace à quatre variables (ou plus).

Une autre façon d'effectuer des coupes consiste à fixer la coordonnée de temps. Nous obtenons alors un système de coordonnées tridimensionnel où le plan horizontal représente la région prospectée, et où la hauteur du graphe au dessus d'un point du plan représente la proportion du pollen de plantes herbacées en ce site à la période choisie. La surface courbe ainsi définie est le graphe tridimensionnel d'une fonction de deux variables. Si nous faisons varier la coordonnée de temps, les coupes défilent et les images se fondent en un dessin animé qui montre les variations de la fonction de distribution du pollen sur des centaines d'années. Comme précédemment, nous pouvons représenter deux types de pollen simultanément, par exemple en attribuant des couleurs différentes à la surface du pollen d'herbacées et à celle du pollen de chêne ou de sapin. Projeter un film montrant les déformations de ces surfaces serait une excellente façon de présenter les données, mais le spectateur serait limité à un certain point de vue. L'idéal serait de pouvoir, au moment de son choix, arrêter le film et faire tourner le graphe afin de déterminer exactement les rapports entre les différents types de pollen à cette date. Dans un futur proche, on utilisera peut-être des films holographiques : le spectateur sera libre de se déplacer autour du graphe et de l'examiner sous toutes ses coutures pendant le déroulement du film ! Toutefois, nous conserverons la possibilité de ralentir ou même d'arrêter le film sur une image afin d'explorer à notre guise tel ou tel phénomène particulièrement intéressant.

Remarquons que les coupes ne sont pas forcément parallèles aux axes de coordonnées. Si nous voulons examiner les relevés en suivant le cours d'une rivière ou la crête d'une montagne, nous n'avons qu'à découper dans l'épaisseur du graphe un ruban vertical qui épouse le tracé de cette courbe sur la carte à deux dimensions, puis développer ce ruban sur un plan pour plus de commodité. Le ruban est comparable à un rideau fait de baguettes de bambou articulées. Nous déformons le rideau pour que sa base coïncide avec la courbe, puis nous marquons chaque baguette à l'encre à la hauteur où elle coupe la surface du graphe. Il suffit ensuite d'aplatir le rideau contre un mur pour y lire clairement les quantités relatives des pollens en fonction de la distance parcourue sur la courbe.

Sur cette carte du Midwest, des courbes isochrones joignent les points où la proportion de pollen d'herbacées était de 20 pour cent à une même époque. On a indiqué à l'origine de chaque courbe le nombre de milliers d'années écoulées depuis le dépôt du pollen. Ces courbes traduisent les déplacements de la frontière de la prairie au cours des siècles.

Un autre type de coupe est utile quand on analyse des ensembles de données en dimensions trois et quatre. Au lieu de fixer une coordonnée d'espace ou de temps, nous allons couper suivant la coordonnée qui indique la proportion du pollen. Cela signifie que sur l'ensemble de la région et pendant toute la période étudiée, nous sélectionnons les points où la proportion de pollen d'herbacées atteint un certain pourcentage, disons 20 pour cent. En effectuant ces coupes pour différents pourcentages, nous obtenons une série de surfaces de niveau. Dans ce nouvel espace tridimensionnel (les deux coordonnées d'espace plus le temps), chaque point est associé à un nombre qui indique le pourcentage de pollen d'herbacées à cet endroit et à cette époque. En reliant les points de même valeur, on obtient en général des surfaces. Si nous choisissons un point où la proportion de pollen d'herbacées est de 20 pour cent, nous nous attendons à trouver un pourcentage comparable en des points voisins (c'est-à-dire géographiquement proches et contemporains) : une fois reliés, ces points formeront un petit élément de surface couvrant le voisinage. Bien entendu il arrive qu'en un site donné, les mesures indiquent une proportion de 20 pour cent à différentes époques, si bien que la surface à la verticale du site est en plusieurs morceaux. Comme ces divers éléments de surface fusionnent parfois quand on s'éloigne du point initial, une surface de niveau réelle peut être très complexe, de même que la courbe de niveau des 1000 mètres dans les Alpes est beaucoup plus embrouillée que celle des 100 mètres en Beauce.

Ces courbes relient les sites où le pourcentage de pollen de plantes herbacées, il y a 6 000 ans, atteignait la valeur indiquée. Chaque courbe représente une coupe de l'ensemble quadridimensionnel des données.

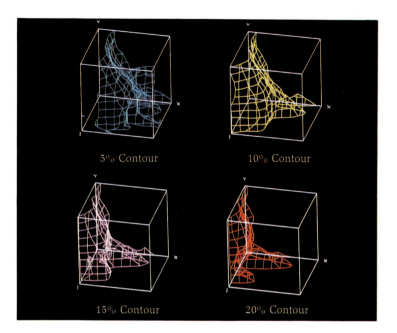

Dans ces quatre graphes tridimensionnels, les points de l'espace-temps où le pourcentage de pollen d'herbacées atteint la valeur indiquée forment des surfaces courbes.

Ce modèle mathématique pose un autre problème. Habituellement, la précision des mesures n'est pas assez bonne pour que l'on sache quels points présentent une proportion d'exactement 20 pour cent. Comme nous ne disposons que de valeurs approchées, il est plus réaliste de rechercher les points dont la valeur est comprise dans un certain intervalle, par exemple entre 15 et 25 pour cent. Au lieu d'une surface définie avec précision, nous aurons alors un volume contenant la surface qui nous intéresse. Souvent la forme de ce volume donne suffisamment d'informations pour que l'on reconstitue la flore d'une région sur une période donnée. Nous pouvons utiliser diverses techniques de calcul de moyenne afin de présenter ces résultats encore plus clairement.

Disposant d'une représentation de la surface des 20 pour cent, nous pouvons l'étudier de différentes façons en nous inspirant des méthodes utilisées par les mathématiciens pour analyser les lieux géométriques en dimension trois. Les techniques les plus courantes font de nouveau appel aux projections et aux coupes. Nous pouvons couper perpendiculairement à l'axe du temps en choisissant une époque donnée, et voir à quoi ressemblait alors le niveau 20 pour cent. Nous pouvons déterminer en quels points ce front pollinique progressait le plus vite, ou au contraire reculait, ce qui nous ramène au calcul de la dérivée d'une fonction de deux ou trois variables. Nous pouvons chevaucher la crête et imaginer la progression du niveau «20 pour cent de pollen d'herbacées» alors qu'il se dirigeait vers l'Est, il y 8000 ans.

Si nous voulons obtenir une description plus vivante des interactions des différentes espèces, il suffit de superposer les différents ensembles de résultats. Par exemple, nous pouvons comparer la surface «20 pour cent d'herbacées» avec les surfaces rouge «10 pour cent de chêne» et bleue «15 pour cent de sapin». Une autre solution consiste à colorier directement la surface «20 pour cent d'herbacées» afin de représenter les distributions des autres types de pollen : on passerait par exemple du rose léger au rouge foncé afin d'indiquer une population croissante de chênes, et du bleu clair au bleu foncé afin d'indiquer la progression des sapins. La superposition de ces deux palettes donnerait toute une gamme de nuances violettes. Nous lirions une telle carte grâce à un code de couleurs précisant le rapport des composantes rouge et bleue pour chaque nuance violette. De cette façon, en associant une sensation différente à chaque type d'information, nous parvenons à manipuler et à interpréter des ensembles de données de dimensions toujours plus grandes. Nous pouvons alors construire des théories qui rendent compte des régularités que nous observons, puis tester nos hypothèses en explorant plus en profondeur notre ensemble de données, ou en intégrant des données collectées à d'autres endroits. Grâce aux progrès de l'informatique, nous disposons de nouveaux et puissants outils pour mener à bien ces explorations. Nous imaginons déjà des outils de représentation encore plus performants et des explorations encore plus lointaines.

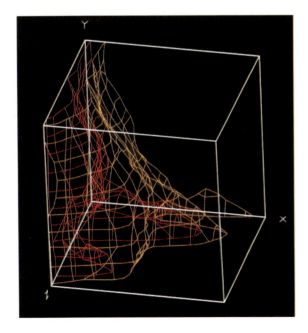

Ce graphe tridimensionnel montre deux surfaces de couleurs différentes, correspondant à deux pourcentages différents (10 pour cent et 20 pour cent) de pollen d'herbacées.

5 | Polytopes réguliers et modèles réguliers

Les anciens Grecs, comme beaucoup d'autres peuples avant et après eux, étaient fascinés par les polygones, ces figures planes délimitées par des segments de droites. Certains polygones familiers tels que les carrés, les triangles équilatéraux et les hexagones réguliers apparaissent dans de nombreux motifs de décoration plans, ainsi qu'en architecture. Ces formes élémentaires, associées à d'autres polygones, constituent des pavages du plan ; quand elles sont assemblées dans l'espace, elles constituent des polyèdres tels que les cubes et les pyramides.

Les polygones et les polyèdres réguliers sont particulièrement intéressants, car ils possèdent le maximum de symétries dans leurs espaces respectifs à deux et à trois dimensions. Ils présentent exactement le même aspect depuis chacun de leurs sommets, ce qui est une condition très contraignante. Dans le plan, il existe une infinité de polygones réguliers possédant chacun un nombre différent de côtés. En revanche, il n'existe que cinq polyèdres réguliers convexes dans l'espace à trois dimensions. Au milieu du XIXe siècle, les géomètres découvrirent qu'il existait des figures régulières dans des espaces de dimension supérieure à trois, et ils s'interrogèrent sur leur nombre et leur nature. Une course s'engagea entre les géomètres qui s'attaquèrent au problème ; après quelques faux départs, plusieurs mathématiciens prétendirent avoir la primeur de la découverte. Toutefois l'issue de la controverse surprit tous les participants, comme nous le verrons à la fin de ce chapitre.

Le tombeau d'Ali (Mazar-e-Charif) en Afghanistan, est orné de nombreux motifs polygonaux.

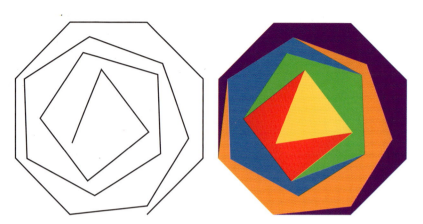

Recréation informatique de deux versions, parmi les 16 existantes, d'une progression polygonale conçue par l'artiste suisse Max Bill en 1938. La ligne brisée centrifuge dessine une série de polygones réguliers emboîtés, du triangle à l'octogone.

Le jeu de la géométrie grecque

Les Grecs, dans leur entreprise de formalisation des notions géométriques, se fixèrent un ensemble de règles particulièrement contraignantes. Ils limitèrent à deux le nombre d'instruments servant à construire les figures : une règle non graduée et un compas. Au moyen de la règle, on relie deux points quelconques par une droite, et on trace à l'aide du compas un cercle ayant pour centre un point donné et passant par un autre point donné.

Pour les Grecs comme pour les géomètres d'aujourd'hui, un polygone est une figure plane limitée par un nombre fini de segments de droites ; dans le cas d'un polygone régulier, tous les côtés et tous les angles sont égaux. En outre, les Grecs imposèrent qu'un polygone ne se coupe pas et que ses diagonales soient contenues à l'intérieur de la figure. Pour construire un polygone régulier ayant un certain nombre de côtés, il suffit de partager la circonférence d'un cercle en un nombre fini d'arcs de même longueur. Dans certains cas, la construction s'effectue facilement avec la règle et le compas. Dans d'autres cas, la construction avec ces seuls outils est plus complexe, et dans d'autres cas encore, elle est impossible.

Le premier théorème des *Éléments* d'Euclide, un des livres les plus célèbres de tous les temps, indique une méthode pour construire un triangle équilatéral. Nous partons d'un segment (*en rouge sur la figure*) qui constitue le premier côté du triangle, puis nous traçons deux cercles (*en orange*) à l'aide du compas, chacun ayant pour centre une extrémité du segment et passant par l'autre extrémité. Ces deux cercles se coupent en deux points qui sont les sommets respectifs de deux triangles équilatéraux (*en vert*) ayant comme base commune le segment initial.

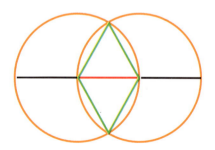

Le premier théorème des Éléments *d'Euclide : la construction d'un triangle équilatéral.*

Prolongeons ce segment de base afin qu'il recoupe le cercle de gauche en un deuxième point ; en prenant ce point comme centre, nous traçons un troisième cercle (*en orange*) de même rayon que les précédents, et qui coupe le cercle du milieu en deux nouveaux points. Nous obtenons un ensemble de six points qui partagent le cercle central en arcs égaux et qui forment les sommets d'un hexagone régulier (*en vert*). En ne prenant qu'un sommet sur deux, nous partageons la circonférence en trois arcs égaux et les points retenus forment les sommets d'un triangle équilatéral (*en bleu*).

Après avoir tracé un polygone régulier possédant un nombre donné de côtés, nous construisons facilement un polygone possédant deux fois plus de côtés par la bissection de chaque arc à la règle et au compas. Commençons par tracer deux cercles (*l'un orange, l'autre jaune*) dont les centres sont les extrémités d'un arc du cercle circonscrit (*en rouge*) et qui passent par le centre de ce cercle. Les deux cercles se recoupent en un second point, que nous joignons au centre du cercle circonscrit à l'aide de la règle : la droite résultante (*en vert*) coupe l'arc en son milieu. En répétant cette opération sur les six arcs sous-tendus par les côtés de l'hexagone régulier, nous obtenons douze points régulièrement espacés sur le cercle, qui sont les sommets d'un dodécagone régulier (*en bleu*).

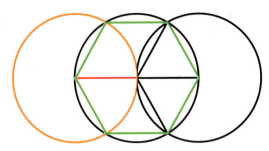

Construction d'un hexagone régulier inscrit dans un cercle donné.

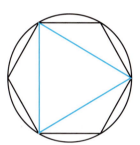

Triangle équilatéral inscrit dans un hexagone régulier.

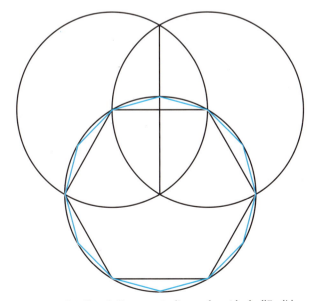

Construction d'un dodécagone régulier par la méthode d'Euclide.

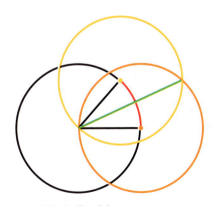

Méthode d'Euclide pour tracer la bissectrice d'un angle.

On obtient de la même façon un polygone régulier de 24 ou 48 côtés, ou d'un nombre de côtés aussi élevé que l'on veut : il suffit de remplacer chaque côté du polygone par deux côtés plus petits autant de fois que nécessaire. Le nombre de polygones réguliers que l'on peut construire à l'aide d'une règle et d'un compas est illimité : de façon plus formelle, nous dirons qu'il existe dans le plan une infinité de polygones réguliers.

Dans cette phrase, l'expression «il existe» nous renvoie à la nature même des objets mathématiques. Personne n'a jamais vu un triangle équilatéral parfait, mais nous connaissons une méthode pour en produire des représentations aussi proches de la perfection que possible. Les notions de «triangle équilatéral» et de «polygone régulier à quatre, cinq ou sept côtés» sont avant tout intelligibles : autrement dit, ces objets ont une existence abstraite qui ne dépend pas du témoignage des sens. Peu importe qu'on les ait un jour dessinés ! Nous ignorons si quelqu'un, par une méthode quelconque, a déjà construit le polygone régulier à 3072 côtés, mais nous savons que cette construction est possible et nous connaissons même une façon d'y parvenir : en partant d'un triangle équilatéral et en appliquant dix fois la technique des bissections.

On construit facilement d'autres polygones familiers tels le carré quand on sait tracer la perpendiculaire à une droite en un point donné de cette droite. Une autre façon de dessiner un carré consiste à joindre quatre des douze sommets d'un dodécagone régulier en traçant une corde tous les trois sommets. A partir du carré, on construit par des bissections successives une nouvelle famille infinie de polygones réguliers dont le nombre de côtés vaut 8, 16 ou toute autre puissance de deux.

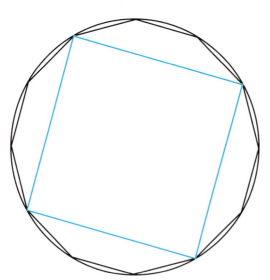

Un carré inscrit dans un dodécagone régulier, obtenu en joignant ses sommets de trois en trois.

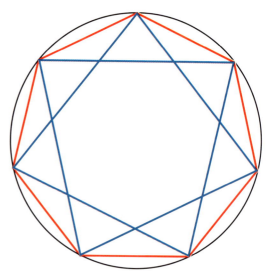

En joignant les sommets d'un heptagone régulier de deux en deux, on forme une étoile à sept branches.

En employant ces méthodes simples, on construit les polygones réguliers à trois, quatre, six ou huit côtés. Comment obtenir des polygones à cinq, sept ou neuf côtés ? Les Grecs résolurent le problème du pentagone régulier grâce à une astucieuse construction inspirée de la solution géométrique d'une équation du second degré mais, malgré leurs efforts acharnés, ils ne réussirent à construire ni l'heptagone régulier, à sept côtés, ni l'ennéagone régulier, à neuf côtés.

Il importe ici de distinguer une solution exacte d'une solution approchée. L'insigne de la police de Los Angeles est une étoile à sept branches dont les sommets sont régulièrement espacés sur un cercle. S'il est possible de déterminer la position de ces points avec la précision désirée par des approximations successives, il est en revanche impossible de positionner ces points exactement, comme nous l'avons fait pour le triangle, le carré et l'hexagone, en n'utilisant que la règle et le compas. Nombre de ceux qui proposèrent des solutions, dont quelques philosophes et des mathématiciens amateurs, n'avaient pas compris la différence entre une approximation et une solution exacte.

Les géomètres grecs étaient particulièrement frustrés de ne pouvoir construire l'ennéagone régulier par leurs méthodes géométriques favorites. Ils avaient déjà divisé le cercle en trois arcs égaux, et il ne leur restait plus qu'à diviser de nouveau chaque arc en trois parties égales. Une solution apparente consiste à diviser la corde en trois segments égaux afin de tracer des rayons passant par les points de partage, mais l'arc médian ainsi obtenu est plus grand que les deux autres.

S'il existe une méthode à la règle et au compas pour couper un angle en deux parties égales, il n'en existe pas pour la trisection d'un angle quelconque. Même dans le cas particulier d'un arc égal au tiers de la circonférence, il est impossible de diviser cet angle de 120 degrés en trois parties égales en n'utilisant que la règle et le compas. Quand un amateur optimiste propose une «solution» à ce problème, on découvre immanquablement une faille dans son raisonnement (ce qui ne dissuade pas toujours le prétendu découvreur !).

Ce n'est qu'au début du XIXᵉ siècle que les mathématiciens développèrent les outils algébriques nécessaires à la démonstration de l'impossibilité de la trisection de l'angle de 120 degrés. Quand on effectue la bissection d'un angle à la règle et au compas, on détermine les points d'intersection de cercles, et la technique algébrique correspondante consiste à extraire des racines carrées et à résoudre des équations du second degré. En revanche, le problème géométrique de la trisection d'un angle correspond au problème algébrique de la résolution d'une équation du troisième degré et, comme les mathématiciens le découvrirent, l'emploi de la règle et du compas ne permet pas de trouver la solution de telles équations. Dans le cas de l'angle de 120 degrés, la démonstration est fondée sur une identité trigonométrique donnant la relation entre le cosinus d'un angle et le cosinus du tiers de cet angle. Trouver le cosinus de l'angle de 40 degrés revient à résoudre l'équation du troisième degré $8x^3 - 6x + 1 = 0$, qu'on ne peut résoudre en prenant des racines carrées successives.

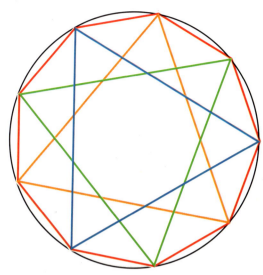

Trois triangles équilatéraux inscrits dans un ennéagone régulier, obtenus en joignant ses sommets de trois en trois.

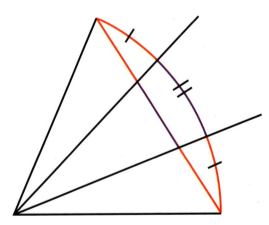

Couper une corde en trois parties égales ne conduit pas à une trisection de l'angle.

Faut-il en conclure que le polygone régulier à neuf côtés n'existe pas ? Certes pas. Il existe au même titre qu'un triangle, un carré ou un cercle, mais il n'est pas constructible à la règle et au compas et il ne fait donc pas partie des objets de la géométrie d'Euclide. Il faut distinguer l'existence de la constructibilité. Il existe une infinité de polygones réguliers, un pour chaque nombre entier supérieur à deux, mais tous ne sont pas constructibles par les méthodes grecques classiques.

A la recherche des polyèdres réguliers

Alors qu'il existe un nombre infini de figures régulières dans le plan, le nombre d'objets réguliers dans l'espace à trois dimensions est limité et assez petit pour que les géomètres grecs en fassent un inventaire exhaustif.

Bien avant que les mathématiciens grecs aient énoncé les axiomes de la géométrie dans l'espace, plusieurs polyèdres réguliers étaient connus : le cube, le tétraèdre (polyèdre à quatre faces triangulaires identiques) et l'octaèdre (polyèdre à huit faces triangulaires et équilatérales, obtenu en assemblant deux pyramides par leurs bases carrées). Si nous voulions suivre la nomenclature grecque à la lettre, nous donnerions au cube le nom d'hexaèdre, mais nous lui conserverons sa dénomination usuelle. Autour de chaque sommet, on compte trois carrés pour le cube, trois triangles équilatéraux pour le tétraèdre et quatre triangles équilatéraux pour l'octaèdre. Toutes les faces d'un polyèdre régulier doivent être des polygones réguliers et tous les sommets doivent être formés par la réunion du même nombre de faces. Existe-t-il d'autres figures qui satisfont à ces exigences ?

Quand Euclide écrivit son livre, deux autres polyèdres réguliers avaient été découverts. Dans le treizième et dernier livre de ses *Éléments,* Euclide démontra qu'il n'y avait pas d'autres polyèdres réguliers que les cinq déjà connus. Cette démonstration mérite d'être exposée car elle introduit une idée qui nous servira dans la recherche du nombre de figures régulières existant dans les dimensions supérieures.

Euclide commença par observer que la somme des angles en un sommet quelconque d'un polyèdre régulier est inférieure à 360 degrés. Pour le cube, par exemple, cette somme vaut trois angles droits, c'est-à-dire 270 degrés. Il remarqua ensuite que pour former un polyèdre, trois faces au moins doivent s'assembler autour de chaque sommet. Si nous utilisons des faces triangulaires, nous n'avons que trois possibilités : trois, quatre ou cinq triangles équilatéraux autour de chaque sommet. Six triangles équilatéraux assemblés autour d'un sommet formeraient dans le plan une surface hexagonale parfaite, sans échancrure qui nous permette de la plier dans l'espace.

Trois triangles assemblés autour d'un sommet commun constituent une pyramide à base triangulaire, que l'addition d'une face transforme en tétraèdre. Quatre triangles forment une pyramide à base carrée, et deux pyramides assemblées par leur base forment un octaèdre. Cinq triangles équilatéraux

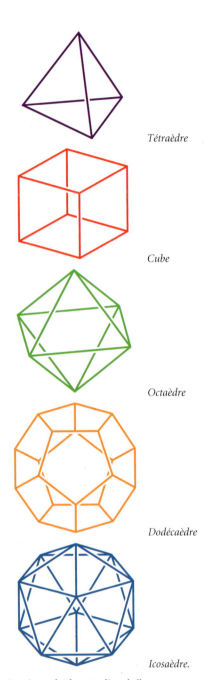

Tétraèdre

Cube

Octaèdre

Dodécaèdre

Icosaèdre.

Les cinq polyèdres réguliers de l'espace.

réunis par un sommet constituent les cinq faces d'une pyramide pentagonale dont la base est un pentagone régulier. Pour construire un polyèdre régulier contenant cette figure, nous commençons par assembler une bande de dix triangles équilatéraux pointant alternativement vers le haut et vers le bas, puis nous ajustons des deux côtés de cet anneau deux pentagones réguliers identiques et de côtés égaux aux côtés des triangles. La figure résultante est un antiprisme pentagonal, dont la base et le sommet sont formés par les deux pentagones réguliers, décalés l'un par rapport à l'autre. Ils enserrent la bande de triangles de telle manière que chaque côté d'un pentagone est aussi le côté d'un triangle équilatéral dont le sommet opposé est sur l'autre pentagone. En posant sur ces deux pentagones les bases de deux pyramides pentagonales, nous obtenons une figure formée de 20 triangles équilatéraux et nommée icosaèdre régulier.

Cette figure complète la liste des polyèdres réguliers à faces triangulaires, mais qu'en est-il des autres polygones réguliers ? Nous pouvons disposer trois carrés autour d'un sommet mais, avec quatre carrés, nous obtenons une figure plane : le cube est le seul polyèdre régulier à faces carrées.

Il n'existe pas de polyèdres réguliers à faces hexagonales. En effet, trois hexagones assemblés autour d'un sommet dans le plan s'ajustent exactement,

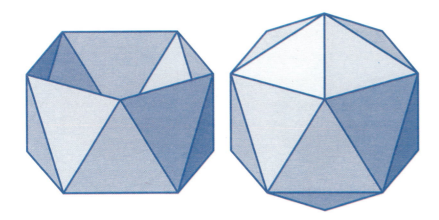

Un antiprisme pentagonal et un icosaèdre complet.

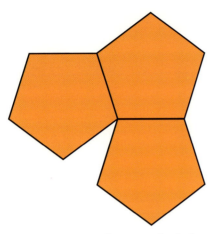

Trois pentagones autour d'un sommet dans le plan.

ne laissant aucun interstice pour replier la figure dans l'espace. Il est inutile de continuer la série des polygones puisque trois polygones réguliers à plus de six côtés se chevaucheraient s'ils étaient disposés autour d'un sommet. Il reste donc un seul candidat : le pentagone régulier. L'angle de ce polygone étant inférieur à celui de l'hexagone, trois pentagones assemblés autour d'un sommet dans le plan laisseront un petit interstice. En revanche, l'angle du pentagone étant supérieur à celui du carré, il est impossible de disposer quatre pentagones dans le plan sans recouvrement. Il n'y a qu'une seule possibilité : un polyèdre ayant trois pentagones autour de chaque sommet. Bien avant Euclide, les géomètres grecs avaient découvert ce cinquième polyèdre régulier, le dodécaèdre et ses douze faces pentagonales.

Duals des polyèdres réguliers

La façon la plus éclairante de construire un dodécaèdre régulier est de faire appel au principe de dualité. Un cube et un octaèdre, par exemple, sont très étroitement associés : les centres des six faces d'un cube sont les sommets d'un octaèdre régulier. On dit que l'octaèdre est le dual du cube. Inversement, les centres des huit faces d'un octaèdre sont les sommets d'un cube, de sorte que le cube est le dual de l'octaèdre.

Quelles autres relations découvrons-nous en construisant les duals des autres polyèdres réguliers ? Dans un tétraèdre, les centres des quatre faces triangulaires sont les sommets d'un autre tétraèdre : le tétraèdre est son propre dual. Il est moins facile d'identifier le dual de l'icosaèdre ; il s'agit d'un polyèdre à 20 sommets correspondant aux centres des 20 faces de l'icosaèdre. Autour de chaque sommet de l'icosaèdre sont disposés cinq triangles dont les centres sont les sommets d'un pentagone régulier. Comme l'icosaèdre possède douze sommets, la figure recherchée est constituée de douze pentagones

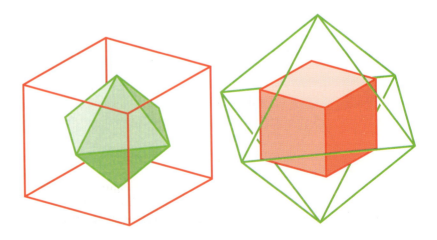

L'octaèdre est le dual du cube. Le cube est le dual de l'octaèdre.

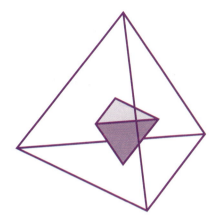 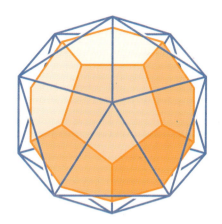 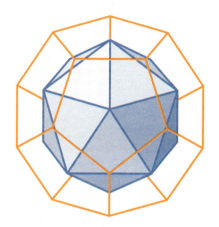

Le tétraèdre est son propre dual.
Le dodécaèdre est le dual de l'icosaèdre.
L'icosaèdre est le dual du dodécaèdre.

réguliers assemblés par trois en chaque sommet. Nous reconnaissons le cinquième polyèdre régulier identifié précédemment : le dodécaèdre régulier.

Le dodécaèdre possède 20 sommets, chaque sommet étant commun à trois pentagones dont les centres sont les sommets d'un triangle équilatéral. Nous en déduisons que le dual du dodécaèdre est constitué de 20 triangles équilatéraux : c'est un icosaèdre régulier. Ainsi les cinq polyèdres réguliers se répartissent en trois groupes : deux paires duales et un polyèdre qui est son propre dual.

A la recherche des polytopes réguliers

Les habitants de *Flatland* comprendraient sans peine le raisonnement suivi par Euclide pour déterminer le nombre des polyèdres réguliers. Ils comprendraient qu'il n'existe que cinq façons au plus de disposer des copies d'un même polygone régulier autour d'un sommet dans leur monde plat. Bien qu'incapables d'imaginer le repliement tridimensionnel de ces assemblages de polygones, ils concluraient qu'il existe au plus cinq polyèdres réguliers dans l'espace à trois dimensions.

Quand les mathématiciens élaborèrent des géométries de dimensions supérieures, ils recherchèrent des objets équivalents aux polygones et aux polyèdres. De même que les polygones sont limités par des segments et les polyèdres par des polygones, leurs homologues de l'espace à quatre dimensions sont limités par des polyèdres. De tels objets de dimensions supérieures furent nommés *polytopes*.

L'histoire de la découverte des cinq polyèdres réguliers de l'espace à trois dimensions était très connue et très appréciée. Tout naturellement, on s'attaqua au problème analogue en dimension quatre, et ce fut le début de

LA QUATRIÈME DIMENSION

la «quête des polytopes». Dans les années 1880, décennie au cours de laquelle Abbott écrivit *Flatland*, s'engagea entre des mathématiciens américains, scandinaves et allemands une véritable course aux polytopes. Un mathématicien de renom en publia une liste incorrecte, et une polémique éclata au sujet de l'identité du vainqueur, le premier à avoir trouvé tous les polytopes réguliers. Le «concurrent» américain, William Stringham, étudia les dispositions possibles de copies d'un polyèdre régulier autour d'un point dans l'espace, et dessina un ensemble de figures qui furent publiées dans l'*American Journal of Mathematics*. Toutefois, beaucoup de cas devaient être considérés, et sa démonstration était incomplète. Lui-même n'était pas entièrement convaincu d'avoir trouvé tous les polytopes réguliers et, par chance, on découvrit bientôt une méthode plus simple et plus convaincante.

*Ces illustrations parues dans le 3ᵉ volume de l'*American Journal of Mathematics, *en 1880, montrent la méthode employée par William Stringham pour trouver les polytopes réguliers.*

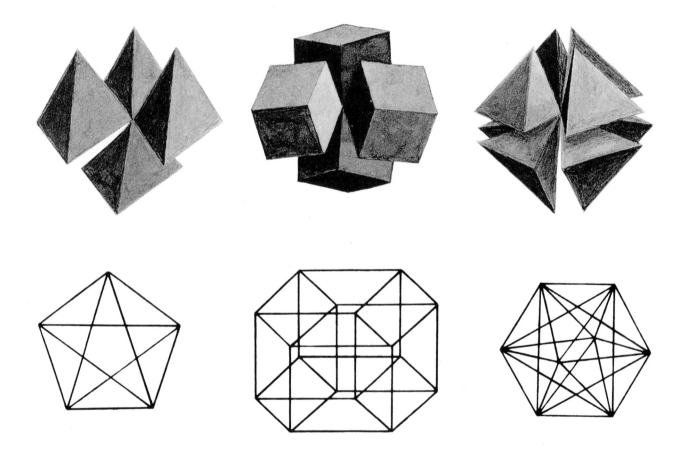

Pour comprendre le raisonnement de Stringham, considérons une figure régulière qui nous est familière : l'hypercube. De chacun de ses 16 sommets sont issues quatre arêtes. Chaque triplet d'arêtes détermine un cube ordinaire, de sorte que chaque sommet est commun à quatre cubes. De même que nous avons représenté les faces d'un cube autour d'un sommet en dessinant trois carrés dans un plan et en indiquant la façon de réunir leurs côtés dans l'espace, nous pouvons représenter la région d'un sommet de l'hypercube en disposant quatre cubes dans l'espace avec des instructions pour assembler leurs faces carrées dans la quatrième dimension. Comme les habitants de *Flatland*, incapables de plier les trois carrés dans une troisième dimension à laquelle ils n'ont pas accès, nous ne pouvons pas plier les cubes dans la quatrième dimension pour former une partie de l'hypercube, mais nous pouvons du moins réfléchir au problème.

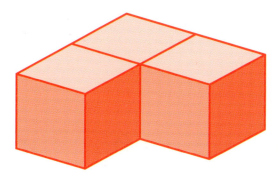

Trois cubes autour d'une arête dans l'espace tridimensionnel.

La figure ci-contre illustre une méthode qui simplifie la recherche des polytopes réguliers de l'espace à quatre dimensions. Au lieu d'examiner toutes les façons possibles de disposer un ensemble de polyèdres autour d'un sommet, recherchons plutôt combien peuvent tenir autour d'une arête. Quand la somme des angles des polyèdres autour d'une arête est inférieure à 360 degrés, l'espace inoccupé permet de replier la figure dans la quatrième dimension.

La détermination du nombre de polyèdres réguliers que l'on peut disposer autour d'une arête s'avère relativement facile si l'on procède de façon expérimentale. Ainsi on voit clairement que trois cubes assemblés par une arête ménagent un espace vide, mais que quatre cubes rempliraient tout l'espace. Nous en déduisons qu'il existe un seul polytope régulier à «faces» cubiques : l'hypercube.

Le simplexe quadridimensionnel

Qu'en est-il des polytopes construits avec des tétraèdres ? Dans le chapitre précédent, nous avons exposé une méthode de construction d'un tel objet : le simplexe quadridimensionnel, ou pentatope. C'est le plus simple des polytopes de l'espace à quatre dimensions, l'équivalent du triangle et du tétraèdre. Pour construire un simplexe de dimension quatre, partons d'un segment dans un plan et traçons sa médiatrice : tous les points de cette droite sont équidistants des extrémités du segment. Si nous nous déplaçons d'une longueur suffisante sur la médiatrice, la distance aux extrémités devient égale à la longueur du segment et nous obtenons un triangle équilatéral, ou simplexe de dimension deux.

Traçons ensuite dans l'espace une droite perpendiculaire au plan du triangle et passant par son centre. Bien que les habitants de *Flatland* ne puissent pas suivre cette construction, nous savons que tout point de cette droite est équidistant des sommets du triangle, de sorte qu'en nous éloignant suffisamment, nous trouvons un point dont la distance aux sommets du triangle est

LA QUATRIÈME DIMENSION

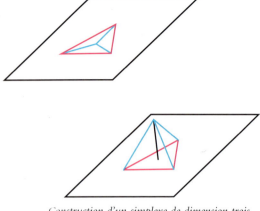

Construction d'un simplexe de dimension trois en élevant au dessus du plan le centre d'un simplexe de dimension deux.

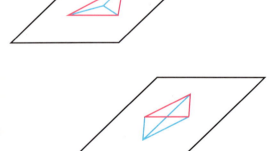

Deux projections d'un simplexe de dimension trois dans le plan.

égale à la longueur de ses côtés. Nous obtenons alors trois nouveaux triangles équilatéraux, identiques au triangle initial et qui forment avec lui un tétraèdre régulier, ou simplexe de dimension trois.

Considérons à présent un espace quadrimensionnel où l'on tracerait une droite perpendiculaire à toutes les directions du tétraèdre et passant par son centre. Dans notre espace à trois dimensions, nous ne pouvons pas voir cette droite, mais nous savons que chacun de ses points est équidistant des quatre sommets du tétraèdre. En nous déplaçant d'une certaine longueur sur cette droite, nous trouverions un point dont la distance aux quatre sommets du tétraèdre est égale à la longueur de ses côtés. Nous obtiendrions ainsi quatre nouveaux tétraèdres, tous identiques au tétraèdre initial, et formant un simplexe quadridimensionnel régulier.

Nous n'avons pas accès à cette quatrième dimension et nous ne pouvons pas construire réellement ce simplexe. Toutefois, nous pouvons dessiner son ombre dans le plan ou dans l'espace en utilisant les techniques de projection du chapitre précédent. Quand nous dessinons un tétraèdre dans le plan, nous choisissons quatre points et nous les relions de toutes les manières possibles. Nous obtenons deux types de figures, suivant que l'un des sommets est contenu ou non dans le triangle défini par les trois autres. De même, il existe deux sortes de projections d'un pentatope dans notre espace, selon que l'image d'un sommet est contenue ou non dans le tétraèdre formé par l'image des quatre autres. Le premier cas de projection est illustré ci-dessous : on compte

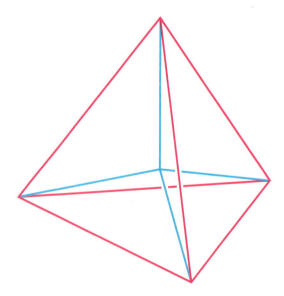

Projection symétrique d'un simplexe de dimension quatre dans l'espace à trois dimensions. En déplaçant le point central d'une distance adéquate dans une quatrième direction d'espace perpendiculaire aux trois autres, on égalise les longueurs des dix arêtes.

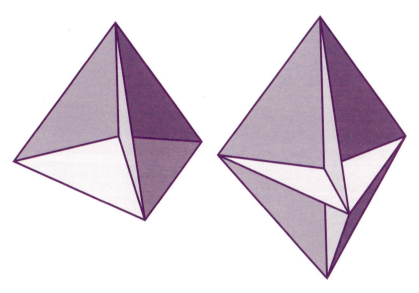

Deux projections d'un simplexe de dimension quatre (on a rempli les triangles intérieurs).

quatre sommets externes et un sommet interne, six arêtes externes et quatre arêtes internes, enfin quatre faces exposées et six faces «cachées». Dans le second cas, tous les sommets de la projection sont externes, ainsi que toutes les arêtes sauf une ; six faces sont externes et quatre internes. Il y a une différence essentielle entre ces deux représentations : dans la première (*en haut à gauche*), les dix triangles de la projection ne se coupent pas alors que dans la seconde (*en haut à droite*), les trois triangles verticaux et leur arête commune coupent le triangle horizontal.

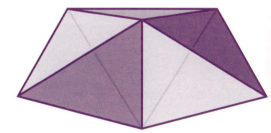

Trois tétraèdres autour d'une arête dans l'espace à trois dimensions.

Ces deux projections du simplexe de dimension quatre révèlent la présence de trois tétraèdres autour de chaque arête du simplexe, tout comme il y a trois cubes autour de chaque arête de l'hypercube. De même que nous pouvons assembler sans encombrement trois cubes autour d'une arête dans l'espace tri-dimensionnel, nous pouvons assembler trois tétraèdres autour d'une arête en laissant un espace libre pour le pliage dans la quatrième dimension.

Afin de voir combien de polyèdres réguliers identiques peuvent être disposés autour d'une arête dans l'espace à trois dimensions, il suffit de faire la somme des angles dièdres de ces polyèdres (l'angle dièdre est l'angle que forment les faces contenant l'arête considérée). Dans le cas d'un tétraèdre régulier, on ramène cet angle dièdre à un angle plan en tenant le tétraèdre par une arête verticale – l'arête opposée étant horizontale – et en le coupant par le milieu, perpendiculairement à cette arête. La section est un triangle isocèle dont l'angle au sommet sur l'arête est l'angle dièdre recherché. Comme cet angle est supérieur à celui d'un triangle équilatéral, il est impossible d'assembler six tétraèdres autour d'une arête sans qu'ils se chevauchent.

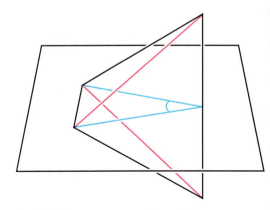

Angle dièdre mesuré au milieu de l'arête d'un simplexe de dimension trois.

Quatre tétraèdres autour d'une arête dans l'espace à trois dimensions.

Le dual de l'hypercube ou polytope à 16 cellules

L'angle dièdre du tétraèdre étant inférieur à l'angle droit, nous assemblons sans difficultés quatre tétraèdres autour d'une arête et nous disposons d'un espace libre pour les replier dans l'espace à quatre dimensions. Il existe un polytope régulier qui possède cette configuration où chaque arête est commune à quatre tétraèdres. Nous en décrirons la construction en nous appuyant sur le principe de dualité. Pour construire le dual d'un polytope, nous prenons les centres de ses «faces» polyédriques comme nouveaux sommets et nous relions les centres des polyèdres qui ont une face polygonale en commun. Les centres des polyèdres qui ont un sommet commun constituent les sommets d'une figure polyédrique, la cellule duale de ce sommet. L'ensemble des cellules duales forment le polytope dual du polytope régulier initial.

Comme le simplexe de dimension trois, ou tétraèdre, le simplexe de dimension quatre est son propre dual. Pour construire le dual de l'hypercube, nous plaçons un nouveau sommet au centre de chacune des huit «faces» cubiques. Chacun des 16 sommets de l'hypercube est commun à quatre cubes et les centres d'un groupe de quatre cubes définissent un tétraèdre appartenant au dual.

Nous obtenons ainsi un troisième polytope régulier de dimension quatre, le «16 cellules», dual de l'hypercube et analogue à l'octaèdre qui est le dual du cube dans l'espace. Ce polytope possède quatre tétraèdres autour de chaque arête.

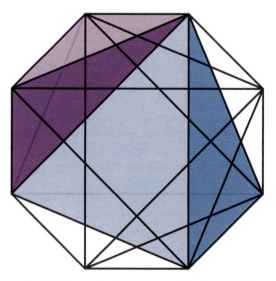

Projection du polytope à 16 cellules dans le plan, montrant deux des 16 simplexes de dimension trois. On trouve les autres en pivotant la figure d'un huitième de tour plusieurs fois.

Polytopes de dimension cinq ou plus

Les constructions précédentes ne sont en rien spécifiques de la quatrième dimension. Dans chaque dimension, il existe un simplexe dual de lui-même, possédant $n + 1$ sommets si la dimension est n, et il existe aussi un analogue du cube. Un cube de dimension n a 2^n sommets et $2n$ faces de plus grande dimension, c'est-à-dire des cubes de dimension $n - 1$. Il y a toujours un troisième polytope régulier de dimension n, le polytope dual du cube de dimension n, avec $2n$ sommets et 2^n faces de plus grande dimension, ces dernières étant des simplexes de dimension $n - 1$. Ces constructions seront plus claires quand nous utiliserons des coordonnées, au chapitre huit.

Pour n supérieur à quatre, ce sont les seules figures que l'on trouve : il y a exactement trois polytopes réguliers de dimension n qui sont le n-simplexe, le n-cube et le dual du n-cube.

Cinq tétraèdres autour d'une arête dans l'espace à trois dimensions.

Le polytope régulier à 600 cellules et son dual

La chasse n'est pourtant pas close car l'espace à quatre dimensions nous réserve une surprise. Nous avons assemblé trois tétraèdres autour d'une arête, puis quatre, et nous savons qu'il est impossible d'en assembler six. Et cinq ? Il s'avère que l'angle dièdre du tétraèdre est suffisamment petit pour que l'on puisse placer cinq tétraèdres autour d'une arête en conservant un étroit espace pour replier cette figure dans la quatrième dimension.

On retrouve cette configuration de cinq tétraèdres par arête dans un polytope quadridimensionnel à 600 cellules comportant 600 tétraèdres. Nous allons décrire l'allure de ce polytope au voisinage d'un sommet en utilisant la même méthode qui nous a servi pour passer du pentagone à la pyramide pentagonale associée à chaque sommet de l'icosaèdre régulier. Pour l'icosaèdre, nous sommes partis d'un pentagone régulier dans le plan et, en parcourant l'axe passant par son centre, nous avons choisi le point dont la distance aux cinq sommets était égale à la longueur du côté du pentagone.

Pour le polytope à 600 cellules, nous partons d'un icosaèdre régulier à trois dimensions, et nous choisissons le point de son «axe» en dimension quatre dont la distance aux douze sommets est égale à la longueur du côté de l'icosaèdre. En dessinant les nouvelles arêtes joignant ce point aux sommets précédents, nous construisons 20 tétraèdres qui s'assemblent autour de ce point, sommet du polytope à 600 cellules. Comme précédemment, nous sommes incapables de réaliser cette construction, faute d'avoir accès à la quatrième dimension, mais nous pouvons en suivre les étapes.

Tout polytope régulier possède un dual qui est également un polytope régulier. Comme chaque sommet du polytope à 600 cellules est entouré de 20 tétraèdres, chaque cellule duale possède 20 sommets : cette cellule est un dodécaèdre régulier.

Projection du polytope à 120 cellules dans l'espace. Ce modèle créé par Paul Donchian, fait partie de la collection de l'Institut Franklin à Philadelphie.

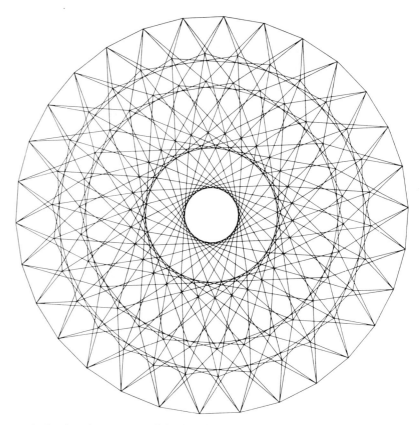

Projection du polytope à 600 cellules dans l'espace, tiré de Regular Complex Polytopes, *par H. Coxeter.*

Le lecteur sera peut-être surpris qu'un polytope régulier soit composé de dodécaèdres, car il ne semble pas que trois dodécaèdres réguliers puissent être assemblés autour d'une même arête dans l'espace à trois dimensions. C'est néanmoins le cas : l'angle dièdre du dodécaèdre est légèrement inférieur à un tiers de tour, de sorte que trois dodécaèdres s'ajustent autour d'une arête en laissant un espace résiduel. Le dual du polytope à 600 cellules est constitué de 120 dodécaèdres réguliers, d'où son nom de polytope à 120 cellules.

Nous connaissons cinq polyèdres réguliers en dimension trois, et la recherche précédente nous a déjà donné cinq polytopes réguliers en dimension quatre. Nous ne trouverons pas de polytopes formés d'icosaèdres réguliers puisque l'angle dièdre d'un icosaèdre est supérieur à un tiers de tour. Il nous reste une dernière brique tridimensionnelle à essayer, l'octaèdre, et cet essai nous réserve une nouvelle surprise.

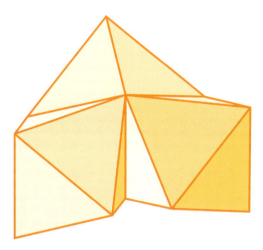

Trois octaèdres autour d'une arête commune dans l'espace à trois dimensions.

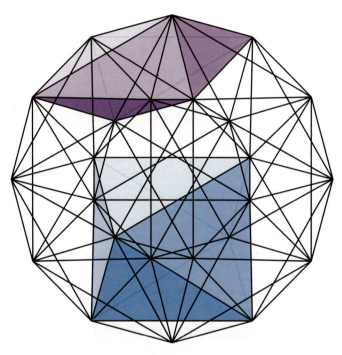

Projection du polytope à 24 cellules dans l'espace. On a représenté en violet et en bleu les projections aux formes différentes de deux octaèdres.

Le polytope auto-dual à 24 cellules

Comme l'angle dièdre de l'octaèdre est plus grand que celui du cube et plus petit que celui du dodécaèdre, nous pouvons placer trois octaèdres autour d'une arête, mais pas quatre. Il existe par conséquent un polytope régulier à «faces» octaédriques dans l'espace à quatre dimensions : c'est le polytope à 24 cellules (voir l'illustration ci-dessus). Autour de chaque sommet sont assemblés six octaèdres dont les centres constituent les sommets d'une cellule duale : cette cellule à six sommets est un octaèdre régulier. Le dual du polytope à 24 cellules possède également 24 cellules octaédriques ; autrement dit, le polytope à 24 cellules est son propre dual. Ici s'arrête la liste des polytopes de dimension quatre. Ce qui surprend dans cette liste, c'est qu'il existe davantage d'objets réguliers en dimension quatre qu'en dimension trois, alors qu'il n'existe que trois polytopes réguliers dans les dimensions supérieures à quatre.

Comme le pensait Abbott, la contemplation des dimensions supérieures nous enseigne l'humilité. Ce fut certainement le cas pour les nombreux mathématiciens des années 1880 qui se disputèrent l'honneur d'être le premier à avoir trouvé tous les polytopes réguliers en dimension quatre. Comme eux, nous avons montré que ces polytopes sont au nombre de six. A qui revint le mérite de la découverte ? En fait, la compétition perdit tout son sens lorsqu'on apprit que ce résultat avait été prouvé plus de 30 années auparavant par le mathématicien allemand Ludwig Schläfli, dans un long travail sur la géométrie des dimensions supérieures qui ne contenait pas une seule figure !

Développements en différentes dimensions

Jusqu'à présent, la plupart de nos raisonnements ont concerné la structure locale d'un polyèdre ou d'un polytope au voisinage d'un sommet ou d'une arête. Afin de mieux apprécier la structure globale de l'objet, nous allons utiliser la technique des développements

Pour présenter cette technique, il est plus simple de revenir aux dimensions inférieures. Imaginons que l'on offre au Roi de *Lineland* un carré en kit à construire, c'est-à-dire un ensemble de quatre segments identiques avec des instructions pour assembler leurs extrémités. Le Roi commencerait la construction en réalisant trois connexions, obtenant ainsi une baguette articulée ayant quatre fois la longueur du côté du carré, mais il lui serait impossible de refermer le carré sans que les côtés se superposent. Si deux côtés pouvaient occuper simultanément la même place sur la droite, le Roi superposerait deux baguettes articulées, formées chacune de deux côtés, puis relierait leurs extrémités. Toutefois, il n'aurait pas construit un carré véritable puisque son quadrilatère «aplati» aurait deux types d'angles différents : deux angles plats et deux angles nuls, qui sont les seuls angles possibles sur *Lineland*. Il faut accéder au plan pour pouvoir construire un carré, avec ses côtés égaux et ses angles égaux.

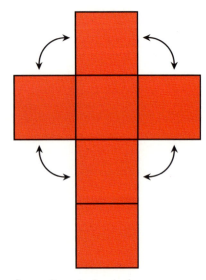

Patron d'un cube dans le plan.

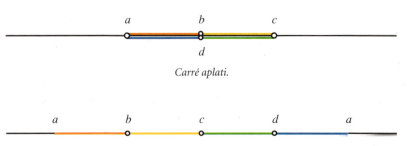

Carré aplati.

Patron d'un carré dans Lineland.

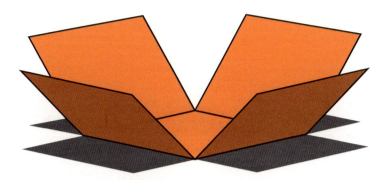

Lors de la construction d'une boîte cubique ouverte, quatre des cinq carrés du patron quittent le plan et sont remplacés par leurs ombres rectangulaires.

On rencontre les mêmes problèmes en passant du plan à l'espace à trois dimensions. Nous pouvons créer le patron d'un polyèdre dans le plan en assemblant des polygones et en indiquant quels côtés doivent être réunis dans l'espace. Une première équipe composée d'habitants de *Flatland* pourrait commencer l'assemblage mais ne pourrait pas achever le projet.

Le patron d'un cube fournit un bon exemple. Pour le construire, nous disposons une face du cube dans un plan et nous attachons les quatre faces adjacentes à ses quatre côtés afin d'obtenir un motif en forme de croix. Après avoir repéré les côtés à réunir, nous sommes en mesure de construire dans l'espace une boîte sans couvercle. Le couvercle (la dernière face carrée du cube) sera attaché à l'un des quatre côtés encore libres, par exemple en bas du patron cruciforme. Un ingénieur de *Flatland* pourrait superviser l'assemblage précis des pièces carrées, mais l'érection du cube nécessiterait la création d'angles dièdres non droits et toutes les faces, excepté le carré initial, disparaîtraient brusquement de la vue des habitants de *Flatland* en se repliant dans l'espace. Si une lumière lointaine venant d'une source à la verticale du cube projetait l'ombre du cube en cours d'assemblage, l'image de chaque face latérale serait une ombre rectangulaire qui diminuerait jusqu'à se confondre avec le côté du carré initial.

La figure analogue en dimension trois est le patron de l'hypercube. Nos ingénieurs pourraient fabriquer les huit «faces» cubiques de l'hypercube ; ils en commenceraient la construction en disposant six cubes autour d'un cube central. Comme les faces adjacentes appartenant à des cubes voisins doivent être repliées l'une sur l'autre dans la quatrième dimension, il reste six faces libres où attacher le huitième cube ; sur l'illustration, il est accolé au bas de l'objet. Malheureusement, personne dans notre espace ne peut se représenter avec précision le repliement qui conduit à l'hypercube.

Patron tridimensionnel d'un d'hypercube.

Un cerf volant hypercubique, une création de José Yturralde à Valence.

Comme précédemment, si une source lumineuse éloignée de l'espace quadridimensionnel projetait dans notre espace l'ombre de l'hypercube en cours d'assemblage, nous verrions sept des huit cubes devenir des ombres parallélépipédiques qui se réduiraient progressivement aux faces du cube central.

En 1954, Salvador Dali représenta le patron de l'hypercube dans son tableau *Corpus Hypercubicus* où un Christ est suspendu à cette structure cruciforme développée de la quatrième dimension. En 1976, Dali nous contacta à l'Université Brown pour discuter des aspects mathématiques d'un projet de peinture stéréoscopique sur lequel il travaillait, et il apprécia beaucoup notre patron d'hypercube pliant et rotatif. Une copie en est exposée au Musée Salvador Dali à Figueras, en Espagne.

La Crucifixion, *sous-titrée* Corpus Hypercubicus, *une œuvre de Salvador Dali peinte en 1954.*

Pour construire un tel modèle, nous partons de six manchons de section carrée, composés de quatre carrés chacun. Attachons les par leurs arêtes autour d'un espace cubique central, et ajoutons un septième manchon dans le prolongement de celui du bas. L'objet résultant peut s'aplatir et tourner librement comme une sorte de cardan quand nous plions et déplions deux cubes opposés. Ce modèle a inspiré la nouvelle de Robert Heinlein …*And He Built a Crooked House*, traduite en français sous le titre *La maison biscornue.* Elle raconte l'histoire d'un architecte qui construit une maison en forme d'hypercube déployé. La maison se replie soudain dans la quatrième dimension, emprisonnant ses occupants stupéfaits qui cherchent à comprendre ce qu'il s'est passé et à revenir dans l'espace à trois dimensions.

Modèle pliant d'hypercube.

Construction du modèle pliant.

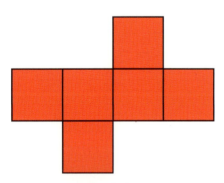

En repliant une bande de quatre carrés, on obtient un cube fermé en haut et en bas par deux carrés supplémentaires.

En repliant une bande de quatre triangles équilatéraux, on obtient un tétraèdre régulier.

Les développements des polyèdres réguliers révèlent que leurs faces polygonales s'ordonnent en bandes. Nous pouvons imaginer un cube comme une bande de quatre carrés repliée en un manchon de section carrée que ferment deux autres carrés. Une bande de quatre triangles équilatéraux se replie en un tétraèdre régulier. Avec six triangles, nous formons un antiprisme triangulaire dont les deux ouvertures sont des sections triangulaires et parallèles ; en le fermant par deux triangles identiques, nous obtenons un octaèdre.

En refermant de la même façon une bande de dix triangles équilatéraux, nous obtenons un polyèdre avec deux ouvertures pentagonales et parallèles : il s'agit de l'antiprisme pentagonal que nous avons mentionné lors de la construction de l'icosaèdre régulier. Nous pouvons construire ce polyèdre de six manières différentes que l'on découvre par la décomposition de l'icosaèdre en un réseau de bandes de triangles. Enfin une bande de dix pentagones, repliée et complétée par deux autres pentagones, donne un dodécaèdre.

Pour exploiter la même idée en dimension quatre, il faut remplacer les bandes de polygones garnies de polygones complémentaires par des piles de polyèdres avec des polyèdres complémentaires accolés. De cette manière, on obtient des développements de tous les polytopes réguliers. Je donne l'exemple de la construction du polytope à 24 cellules dans l'ouvrage *Shaping Space*, et le géomètre canadien H. Coxeter, dans son livre *Regular Polytopes*, propose un développement similaire pour le polytope à 120 cellules et celui à 600 cellules.

La recherche des polytopes réguliers a duré plus d'un siècle et on fait encore des découvertes à leur sujet. Certaines de leurs propriétés furent très vite connues, mais il fallut longtemps pour apprécier pleinement la beauté de ces objets. Grâce à l'ordinateur, nous les faisons tourner sous nos yeux et nous ressentons la même fascination que les mathématiciens d'antan, observant sous tous les angles des dés octaédriques ou dodécaédriques. Cette fascination se perpétuera avec la découverte annoncée d'une myriade de formes mystérieuses, dans le sillage de la recherche des polytopes réguliers.

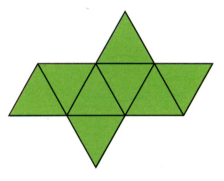

En repliant une bande de six triangles, on obtient un antiprisme triangulaire auquel on ajoute deux triangles pour former un octaèdre régulier.

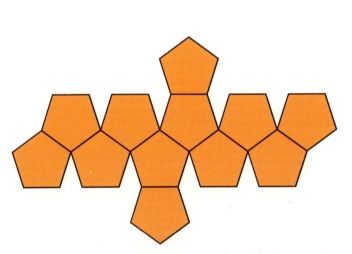

En repliant une bande de dix pentagones, on obtient une figure que l'on complète par deux autres pentagones pour former un dodécaèdre régulier.

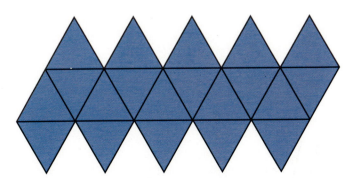

En repliant une bande de dix triangles, on obtient un antiprisme pentagonal que l'on referme par dix autres triangles pour former un icosaèdre régulier.

6 | Perspective et animation

Salvador Dali imagina un jour un cheval de trente kilomètres de long. Son projet initial n'était pas aussi grandiose et la statue ne devait mesurer qu'une centaine de mètres. Pour l'observer convenablement, il aurait fallu passer sous un portail et lever les yeux vers une rampe colossale : nous aurions alors découvert l'animal, représenté avec réalisme et dominant le spectateur de toute sa hauteur. Tout près du portail, nous aurions vu une tête aux naseaux dilatés ; plus loin, de puissantes épaules parfaitement proportionnées ; encore plus loin, une forte croupe. Un cheval très convaincant, aurions-nous jugé avant de continuer la visite. En réalité, les épaules se seraient trouvées plusieurs mètres en arrière, surélevées par une structure, et la croupe se serait trouvée encore plus loin, sur une construction de plusieurs étages à l'autre extrémité du site. Le reste du cheval se serait étiré entre ces trois parties, et la statue n'aurait semblé réaliste que dans la perspective imposée par le portail d'entrée : sous tous les autres angles, le cheval aurait eu l'air très déformé (*voir les croquis de Dali sur la page suivante*).

Dali calcula sans difficultés les dimensions des diverses parties et les distances auxquelles il devait les placer pour obtenir l'effet souhaité, au premier coup d'œil du moins. Cette œuvre aurait constitué un trompe-l'œil tridimensionnel, comparable aux fameuses images de coupoles peintes sur des plafonds plats qui abusent un instant les visiteurs lorsqu'ils pénètrent dans une galerie.

Si de telles images nous semblent tridimensionnelles au premier abord, elles perdent rapidement leur réalisme quand nous nous déplaçons pour les

Les lignes parallèles des jardins du Taj Mahal convergent en un unique point de fuite.

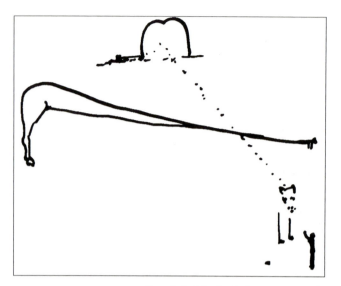 

Croquis de Salvador Dali montrant son cheval hectométrique dans une perspective extrême.

Salvador Dali et l'auteur en 1976.

examiner, car elles ne changent pas en fonction de l'angle de vue de la même façon que des objets tridimensionnels véritables.

Dali ne voulait pas se contenter d'un cheval ayant la taille d'un terrain de football. Dans son projet suivant, il prévoyait d'augmenter la taille des épaules du cheval et de les placer au sommet d'un bâtiment élevé, assez loin de la tête. La croupe, titanesque, aurait dû se trouver sur le sommet d'une montagne de forme convenable distante de 30 kilomètres. Le principe mathématique de la sculpture et le rapport des parties demeuraient, seule l'échelle changeait.

Le projet final de Dali était encore plus ambitieux : les épaules devaient être placées au sommet de la montagne et le rôle de la croupe aurait été assuré par la lune. Bien entendu, il n'y aurait eu que quelques nuits par an où la lune se serait levée à l'endroit prévu au dessus de la montagne, complétant ainsi l'image du cheval. Pour apprécier la forme de cette sculpture, un observateur aurait dû non seulement se trouver au bon endroit, mais y être également au bon moment.

Le cheval ne sera jamais construit, mais à l'aide de l'ordinateur, nous pouvons voir à quoi il aurait ressemblé si on l'avait érigé. Cette idée plût beaucoup à Dali.

Vision en perspective

Le projet de Dali reposait sur sa maîtrise de la perspective, l'une des techniques les plus utiles pour construire et interpréter des représentations d'objets spatiaux. Quand nous nous tenons sur le pas d'une porte, l'aspect du mobilier dans la pièce où nous entrons dépend pour beaucoup de notre position. Imaginons qu'un plaisantin photographie de la même position l'intérieur de la pièce et projette l'image grandeur nature sur un écran plat placé devant la porte : si nous regardons à nouveau en direction de la pièce, nous verrons exactement la même chose qu'auparavant car nous recevrons la même information visuelle. Comment arriverons-nous à faire la différence entre la photographie et la pièce réelle ?

La solution la plus naturelle consiste à changer de point de vue. En nous rapprochant ou en nous déplaçant latéralement, nous verrions comment les formes changent : un objet réel et son image plane ne se déformeront pas de la même manière. Par exemple, le cadre d'un tableau sur un mur latéral aura l'aspect d'un trapèze aux cotés de plus en plus inégaux à mesure que l'on se rapproche du mur, ce qui ne sera pas le cas de son image sur la photographie.

Imaginons *A Square* faisant de même dans *Flatland,* se déplaçant afin de savoir s'il voit l'intérieur d'une maison réelle ou seulement une image peinte sur un écran unidimensionnel. Les trompe-l'œil doivent avoir le même

L'œil perçoit cette peinture en trompe l'œil d'une coupole comme il percevrait la structure réelle, mais cette illusion est détruite par un changement de point de vue.

Perspective Twist, *de Lana Posner, montre une perspective localement correcte mais globalement impossible.*

pouvoir d'illusion dans toutes les dimensions : ils abuseraient les habitants de *Flatland* comme ils nous abusent dans notre espace. Si nous apprenons les règles de ces illusions perspectives, nous pourrons les utiliser à notre avantage pour comprendre des structures tridimensionnelles compliquées et, finalement, visualiser des objets de dimension quatre.

Jusqu'à présent, nous avons considéré des ombres de cube ou d'hypercube projetées par des rayons lumineux parallèles. Les images de droites parallèles étaient des droites parallèles (ou des points), et des segments parallèles de même longueur avaient pour images des segments parallèles et de même longueur. Nous savons toutefois que les lignes parallèles nous apparaissent rarement comme telles au premier abord. Vues du milieu d'une voie de chemin de fer, les rails semblent converger en un point de l'horizon et si les traverses semblent parallèles à la ligne d'horizon, elles paraissent d'autant plus courtes et proches les unes des autres qu'elles sont éloignées de l'observateur. La raison en est que les rayons lumineux allant des extrémités d'une traverse à l'œil de l'observateur forment un angle d'autant plus petit que la distance à l'observateur augmente. Dans un dessin en perspective, des droites parallèles apparaîtront soit comme des droites parallèles, soit comme des droites convergeant en un point de fuite. Un cube possède trois ensembles d'arêtes parallèles et son dessin en perspective peut comporter un, deux ou trois points de fuite.

Quand nous regardons la maquette d'un cube en fils, les parties proches paraissent plus grandes que les parties distales : en vue frontale, la face avant du cube semble plus grande que la face arrière, et cette image d'un «carré

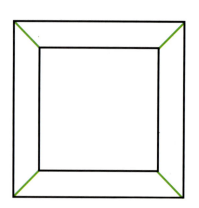
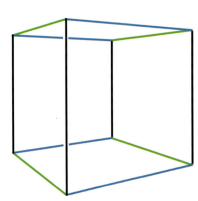
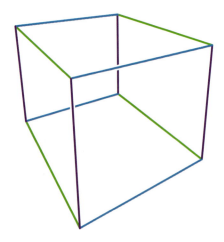

Trois vues d'un cube en perspective avec un, deux ou trois points de fuite.

Cette vue plongeante sur un ring de boxe est un exemple amusant de «carré dans un carré». Les câbles verticaux convergent au centre d'un carré intérieur (le ring), entouré de carrés plus grands formés par les images des cordes et des travées. Cleveland Williams gît sur le dos pendant que Mohammed Ali se retire dans son coin.

dans un carré» est une représentation familière du cube. Les images des arêtes verticales et horizontales sont respectivement verticales et horizontales, mais les arêtes latérales semblent converger vers le centre du carré. Les faces avant et arrière apparaissent comme des carrés et les quatre autres ont l'aspect de trapèzes. Nous savons d'expérience que les six faces d'un cube sont des carrés identiques, bien qu'elles n'apparaissent jamais ainsi simultanément.

Afin d'obtenir une meilleure vision du cube, nous pouvons tourner autour en le contemplant sous différents angles ou, ce qui revient au même, nous pouvons l'observer sans bouger pendant qu'il tourne autour d'un axe vertical. Quand le cube commence à pivoter, les images des arêtes verticales restent verticales, mais les arêtes qui paraissaient horizontales semblent à présent portées par des droites imaginaires qui convergent en un point distant. A ce stade, les images des faces supérieure et inférieure ne sont plus trapézoïdales puisqu'elles n'ont plus de côtés parallèles.

Tandis que le cube continue à tourner, l'image en forme de trapèze de l'une des faces latérales s'aplatit en un segment vertical avant de redevenir

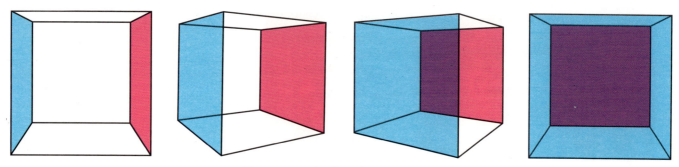

Vues en perspective d'un cube tournant autour d'un axe vertical.

trapézoïdale. L'image semble passer au travers d'elle-même au moment où les carrés intérieur et extérieur permutent. Le même phénomène se produit si nous tournons le cube autour de son axe horizontal.

La perspective entraîne toujours une distorsion, mais nous nous en accommodons sans nous en rendre compte grâce à notre expérience de la vision des objets. Ainsi en regardant un cube tourner, c'est bien à un cube que nous pensons, et non à cette succession de carrés, de trapèzes et de quadrilatères compliqués. Nous utiliserons d'autant plus facilement les principes de la perspective pour visualiser des objets de dimension quatre ou plus que nous aurons mieux compris la façon dont nous percevons les formes tridimensionnelles.

Vues perspectives de l'hypercube

De même que l'on dessine des images perspectives d'un cube dans le plan, on imagine des vues perspectives d'un hypercube dans l'espace. Puisqu'un cube vu de face apparaît comme un carré dans un carré, un hypercube «vu de face» apparaîtra comme un cube dans un cube.

L'image de la partie proximale de l'hypercube est un grand cube et l'image de la partie distale, un petit cube contenu dans le précédent. Dans la vue frontale du cube ordinaire, les images de quatre arêtes joignaient les sommets du carré extérieur à ceux du carré intérieur et formaient quatre trapèzes. Dans le cas de l'hypercube, huit arêtes relient les sommets du cube extérieur aux sommets du cube intérieur, formant six pyramides tronquées.

Cette projection centrale est l'une des représentations les plus courantes de l'hypercube. Elle est décrite dans le roman de Madeleine L'Engle *A Wrinkle in Time*, et dans la nouvelle de Robert Heinlein *...And He Built A Crooked House*. Certains auteurs font référence à cette projection centrale sous le nom de *tesséract*, terme qui serait dû à un contemporain d'Abbott, Charles Howard Hinton. Ce dernier écrivit un article en 1880, intitulé *What Is the Fourth Dimension ?*, puis composa sa propre allégorie bidimensionnelle, *An Episode of Flatland*, la même année où Abbott écrivit *Flatland*. Le sculpteur Attilio Pierelli s'inspira de cette projection pour construire son «Hypercube» en acier inoxydable.

S'il est difficile d'imaginer les vues en perspective d'un cube tournant dans l'espace, l'exercice est plus difficile encore dans le cas d'un hypercube. Heureusement nous disposons de l'ordinateur, grâce auquel on réalise non seulement des projections parallèles de l'hypercube (voir le chapitre quatre) mais aussi des images perspectives de n'importe quel point de vue. La méthode utilisée pour former ces images porte le nom de projection centrale.

Pour réaliser une image perspective d'un cube «vu de dessus» et réduit à ses arêtes, nous l'illuminons de notre point d'observation et nous enregistrons son ombre sur une plaque photographique glissée en dessous. Cette ombre photographiée donne un témoignage précis de ce que nous verrions depuis le point où le cube est éclairé : si, de cet endroit, nous regardions la photographie, nous aurions la même impression visuelle que devant l'objet réel.

Il est facile de programmer un ordinateur afin qu'il affiche de telles images sur l'écran : il suffit d'indiquer à la machine un point d'observation et un plan de projection. L'ordinateur créera par exemple l'image d'un sommet en calculant en quel point du plan un rayon fictif issu du point d'observation et passant par ce sommet est intercepté. On utilise quasiment les mêmes

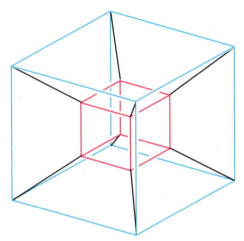

La projection centrale d'un hypercube quadridimensionnel dans l'espace à trois dimensions a l'aspect d'un «cube dans un cube».

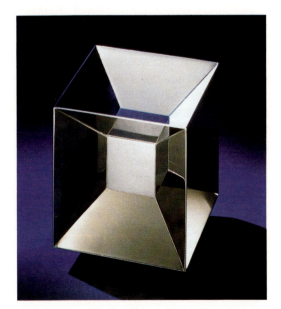

Projection centrale d'un hypercube, sculpture en acier d'Attilio Pierelli.

outils mathématiques pour créer la projection centrale d'un cube dans le plan et pour calculer celle d'un hypercube dans l'espace puis représenter cette projection tridimensionnelle sur l'écran de l'ordinateur. Avant d'envisager les vues perspectives tridimensionnelles d'objets quadridimensionnels, nous allons étudier les projections centrales d'autres figures de l'espace.

Les diagrammes de Schlegel des polyèdres

Les projections centrales des polyèdres réguliers forment des figures remarquables qui révèlent la structure et les symétries de ces objets. Dans l'espace, tous les sommets d'un polyèdre régulier sont répartis sur la surface d'une même sphère : nous pouvons en réaliser une projection centrale à partir du «pôle nord» sur un plan horizontal tangent au «pôle sud». Dans ce mode de projection, l'image de tout sommet distinct du pôle nord correspond à l'intersection du plan de projection avec la droite joignant ce sommet au pôle nord, et l'image d'une arête reliant deux sommets du polyèdre est le segment joignant leurs images respectives. L'ensemble de ces images est nommé *diagramme de Schlegel* du polyèdre, du nom du mathématicien allemand Viktor Schlegel qui inventa ce type de diagramme en 1883. Chaque polyèdre possède de nombreuses images différentes par projection centrale à partir du pôle nord, qui dépendent de l'orientation du polyèdre à l'intérieur de la sphère. Nous ne considérerons qu'un type particulier de diagramme de Schlegel, où l'image de la face la plus proche du pôle nord contient les images de tous les autres sommets.

Le diagramme de Schlegel d'un cube est le «carré dans un carré» décrit précédemment. Celui d'un tétraèdre est un triangle équilatéral dont les sommets sont reliés au centre. Pour réaliser le diagramme de Schlegel de l'octaèdre, il faut orienter ce polyèdre de manière à ce que deux faces triangulaires soient horizontales ; dans cette orientation, l'image de la face supérieure est un grand triangle équilatéral et celle de la face inférieure est un triangle équilatéral plus petit et inversé. Les images des six autres faces sont des triangles joignant une arête du triangle intérieur à un sommet du triangle extérieur et vice-versa. Dans le diagramme de Schlegel de l'icosaèdre, les douze sommets se répartissent sur trois polygones emboîtés : un grand triangle équilatéral contenant un hexagone semi-régulier contenant à son tour un petit triangle équilatéral. Dans le cas du dodécaèdre, les 20 sommets sont également disposés sur trois polygones emboîtés : un grand pentagone régulier contenant un polygone étoilé à dix côtés, contenant à son tour un petit pentagone régulier. Ces diagrammes de Schlegel mettent bien en évidence les symétries des polyèdres réguliers ainsi que leurs faces.

Diagrammes de Schlegel des cinq polyèdres réguliers.

Les polyèdres de Schlegel des polytopes réguliers

On construit les polyèdres de Schlegel de polytopes réguliers à quatre dimensions au moyen de la projection centrale dans l'espace, l'équivalent de la projection centrale d'un objet tridimensionnel sur un plan. Le polyèdre de Schlegel de l'hypercube est un «cube dans un cube», où les sommets correspondants des deux cubes sont reliés entre eux. Comme le diagramme de Schlegel d'un tétraèdre est un triangle dont les sommets sont reliés au centre, le polyèdre de Schlegel d'un simplexe de dimension quatre est un tétraèdre dont les sommets sont reliés au point central. Les six triangles joignant ce point aux arêtes du tétraèdre externe divisent l'espace intérieur en quatre pyramides triangulaires légèrement aplaties.

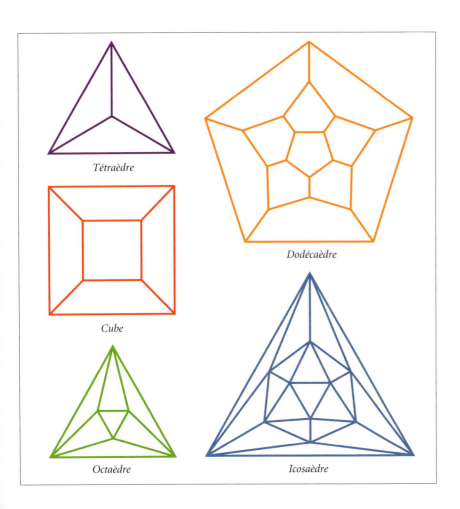

Tétraèdre

Dodécaèdre

Cube

Octaèdre

Icosaèdre

Le polyèdre de Schlegel du polytope à 16 cellules, dual de l'hypercube composé de 16 tétraèdres, rappelle le diagramme de Schlegel de l'octaèdre, dual du cube. Au lieu d'un triangle inversé dans un triangle, nous découvrons un tétraèdre contenant un petit tétraèdre inversé et décalé d'un sixième de tour. Chaque sommet du tétraèdre intérieur est relié aux sommets de la face la plus proche du tétraèdre extérieur, ce qui définit quatre tétraèdres supplémentaires du polytope à 16 cellules ; nous remarquons également que chaque sommet du tétraèdre extérieur est connecté aux sommets de la face la plus proche du tétraèdre intérieur, ce qui définit quatre autres tétraèdres du polytope. Nous trouvons les six derniers tétraèdres en reliant chaque arête du tétraèdre intérieur à l'arête la plus proche du tétraèdre extérieur.

Dans le polyèdre de Schlegel du polytope à 24 cellules auto-dual, les sommets se répartissent sur trois polyèdres emboîtés : un grand octaèdre correspondant à la «face» tridimensionnelle la plus proche du point d'observation, un petit octaèdre intérieur, et un polyèdre intermédiaire nommé *cuboctaèdre*. Pour obtenir les huit faces triangulaires et les six faces carrées de ce polyèdre, il suffit d'ôter les huit coins d'un cube en coupant chaque arête par son milieu. Chacune des huit faces triangulaires du cuboctaèdre est commune à deux octaèdres, l'un partageant une face triangulaire avec l'octaèdre

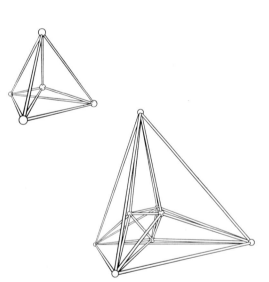

Polyèdres de Schlegel des polytopes à 5 et à 16 cellules dans l'espace tridimensionnel, illustrations tirées de Geometry and the Imagination *de David Hilbert et Stefan Cohn-Vossen.*

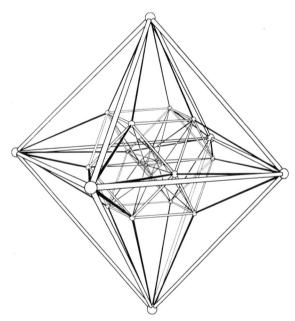

Polyèdre de Schlegel du polytope à 24 cellules dans l'espace tridimensionnel, illustration tirée du même ouvrage.

Cette aquarelle de David Brisson montre deux «ombres planes» d'un hypercube, obtenues par projection sur deux plans qui se coupent en un point unique de l'espace à quatre dimensions (voir les explications données pages 150 et 197). Ces dessins constituent un «hyperstéréogramme» : en faisant en sorte que chaque œil ne perçoive qu'un seul dessin, certains détails des deux figures se combineront pour donner une image «en relief».

extérieur, l'autre partageant une face triangulaire avec l'octaèdre intérieur. Nous avons déjà trouvé 18 des 24 octaèdres du polytope à 24 cellules. Nous obtenons les six octaèdres restants en reliant les sommets de chaque face carrée du cuboctaèdre aux sommets les plus proches des octaèdres intérieur et extérieur. Il est possible de présenter de la même façon les polytopes à 120 cellules et à 600 cellules, mais leurs très nombreux sommets rendent les diagrammes difficiles à interpréter. On peut aussi construire des modèles des polyèdres de Schlegel à l'aide de bâtons et les observer en train de tourner dans l'espace. Les modèles de Paul Donchian sont les plus célèbres.

Une photographie unique d'un polyèdre de Schlegel n'en donnera qu'une vue confuse. Au siècle dernier, les mathématiciens utilisaient des paires de vues stéréoscopiques d'objets géométriques : dans ce système, l'œil gauche voit une image représentant l'objet sous un certain angle et l'œil droit voit une image prise sous un angle légèrement différent, ce qui crée l'illusion d'un objet tridimensionnel. Bien que cette technique soit encore utilisée pour l'étude de configurations compliquées, la manière la plus efficace de voir les objets à trois dimensions est encore d'en faire le tour : il suffit alors d'enregistrer les vues successives de l'objet pour en faire les images d'un film.

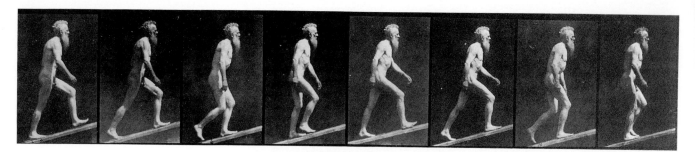

Eadweard Muybridge marche à grands pas devant son appareil photographique, créant les images d'un des premiers films d'animation.

Animation de l'hypercube

Appartenant à la génération qui inventa la photographie il y a 150 ans, Eadweard Muybridge utilisa cette nouvelle technique afin d'altérer la perception normale du temps et de l'espace. Une série de photographies de Muybridge en personne montant une rampe à grands pas étaient placées sur un support tournant ; en regardant les images défiler, on avait l'impression de le voir marcher indéfiniment, dans une version primitive de cinématographe. En recourant au ralenti et à l'arrêt sur image, il analysa les mouvements d'un cheval de course et les phases de l'effort lors du lever d'une charge.

En exploitant un siècle et demi d'expérience de l'animation avec les nouveaux moyens de l'infographie, nous parvenons à représenter et à explorer des configurations tridimensionnelles compliquées. Le dessin architectural et industriel devient dynamique : au lieu de regarder quelques clichés isolés, nous faisons défiler 30 vues à la seconde, chacune légèrement différente de la précédente, donnant ainsi l'illusion d'un mouvement continu. Nous simulons ce que nous verrions en marchant dans un couloir ou en descendant l'escalier d'un immeuble qui n'a pas encore été construit. Imaginons qu'un architecte veuille montrer à son client un auditorium encore en projet. Il en modifiera les caractéristiques à volonté afin de créer des impressions différentes. Doit-on placer cette fenêtre un peu plus haut, élargir cette entrée ? Une simple manipulation suffit pour produire une nouvelle vue tandis que les modifications sont automatiquement reportées sur un nouvel ensemble d'épures.

Aujourd'hui les ordinateurs réalisent des images en très peu de temps. Quand on ne représente que les arêtes d'un objet, l'ordinateur calcule la position des sommets et dessine les segments associés. Le temps d'exécution dépend en grande partie du nombre de sommets et d'arêtes. Même un petit ordinateur est capable de représenter la rotation d'un cube, calculant les nouvelles images de ses huit sommets et de ses douze arêtes en «temps réel» afin de simuler un mouvement continu. L'hypercube, avec ses 16 sommets et ses 32 arêtes, n'est guère plus compliqué. A. Dewdney a décrit des programmes d'animation de l'hypercube dans la rubrique «Récréations informatiques» de la revue *Pour la Science* (numéro de juin 1986).

Dans une animation utilisant la projection parallèle, le programme suit la position d'un sommet du cube ou de l'hypercube et de tous les sommets auxquels il est relié par une arête. Quand les images de ces points sont déterminées, tous les autres points et arêtes sont aisément dessinés puisque, comme nous l'avons vu au chapitre quatre, les images de segments égaux et parallèles sont des segments égaux et parallèles. D'autres calculs s'imposent si l'on utilise des projections centrales, puisque les images de segments parallèles sont alors des segments portés par des droites concourantes en un point de fuite. L'ordinateur effectue assez rapidement ces calculs et représente en perspective une vue animée de l'hypercube tournant dans l'espace à quatre dimensions. Un code de couleurs permet de suivre les mouvements de différentes parties de l'objet en rotation, comme dans mon film *The Hypercube: Projections and Slicing*.

La seconde partie de ce film commence par la présentation de projections centrales du cube tridimensionnel. Dans une première séquence, des arêtes blanches joignent les sommets correspondants de deux faces carrées opposées, représentées en rouge et en vert. A mesure que le cube tourne dans l'espace, son image par projection centrale se modifie : on commence par voir le carré vert à l'intérieur du carré rouge, puis deux trapèzes rouge et vert côte à côte, avant de retrouver le carré rouge à l'intérieur du carré vert. La séquence analogue pour l'hypercube (*voir l'illustration de la page suivante*) commence par l'image d'un cube rouge à l'intérieur d'un cube bleu, des arêtes noires reliant les sommets correspondants des deux cubes. Les images obtenues quand l'hypercube virtuel tourne dans l'espace à quatre dimensions rappellent celles du cube tournant dans l'espace ordinaire. La face supérieure du cube bleu s'élargit, le cube s'aplatit et s'inverse en une pyramide tronquée ; en même temps, le cube rouge se transforme en une pyramide tronquée, base vers le haut. Si nous poursuivons la rotation de l'hypercube, le cube bleu deviendra le petit cube intérieur et le rouge le grand cube extérieur.

En regardant cette séquence plusieurs fois, l'observateur acquiert une vue d'ensemble des symétries de l'hypercube. Les images de quatre des huit «faces» cubiques échangent leurs positions au sein du polyèdre de Schlegel. Comme chacune de ces cases s'aplatit puis se «retrousse» durant la rotation, elle change d'orientation. Si l'un des cubes contenait un gant de la main droite avant de s'aplatir, nous récupérerions un gant de la main gauche au terme de la rotation, et vice versa. Ce phénomène d'inversion est au cœur d'une célèbre controverse philosophique qui sera abordée au chapitre neuf.

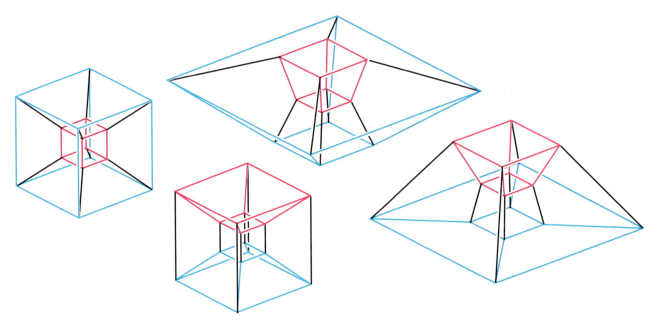

Une série de projections centrales d'un hypercube en rotation dans l'espace quadridimensionnel, présentées dans le sens des aiguilles d'une montre à partir de l'image de gauche.

L'interprétation des images mobiles d'objets quadridimensionnels est souvent source d'ambiguïtés. Plus nous aurons d'expérience dans la représentation d'objets simples observés sous des angles différents, mieux nous comprendrons les images de ces nouveaux objets de dimension supérieure à trois.

Tore polyédrique dans l'hypercube

Jusqu'à présent, nous avons considéré des images formées de segments, les objets que l'ordinateur dessine le plus facilement. Grâce aux progrès de l'informatique, les ordinateurs sont devenus capables de dessiner des surfaces polygonales, créant ainsi des images qui ressemblent davantage à de véritables objets. Une question se pose alors : quelles faces polygonales faut-il remplir ?

Si nous dessinons l'image d'un cube plein, nous ne voulons voir que trois de ses six faces, celles de devant masquant les autres. Quand le cube tourne, des faces différentes deviennent visibles ; avec un codage par couleurs ou des marques comme celles d'un dé, on identifie à tout instant les faces visibles. Dans le cas d'un cube ou d'un polyèdre régulier, il est facile d'identifier les faces qui doivent être remplies, mais l'exercice devient beaucoup plus subtil pour les images d'objets tridimensionnels complexes.

De même, «habiller» un hypercube pose problème. Nous pourrions remplir toutes les faces, mais la projection de l'hypercube dans l'espace ordinaire ne montrerait que les images constituant les faces extérieures du polyèdre de Schlegel : les arêtes et les faces intérieures seraient cachées. En projection centrale, par exemple, si le cube rouge était à l'extérieur, le cube bleu serait totalement invisible. Nous pourrions révéler certaines faces du cube bleu en faisant tourner l'hypercube dans la quatrième dimension, ou, avec un programme plus performant, en rendant certaines faces transparentes.

Une technique plus simple consiste à laisser de côté quelques unes des 24 faces carrées. Au lieu de représenter trois carrés autour de chaque arête, nous n'en dessinerons que deux, soit un total de 16 carrés choisis de manière à former une surface à deux dimensions dans l'espace à quatre dimensions, nommée *tore polyédrique*. Le développement plan de ce tore est un carré subdivisé en 16 carrés identiques, auquel on joint les instructions d'assemblage suivantes : replier le carré horizontalement et rattacher le côté supérieur au côté inférieur. Cette opération est réalisable dans l'espace et donne un cylindre de section carrée. Les instructions précisent également qu'il faut rattacher les côtés gauche et droit du carré. Comme précédemment, nous pouvons réaliser cette opération dans l'espace. En revanche, exécuter les deux instructions à la suite sans déformer ou déchirer le grand carré est impossible dans l'espace usuel. Nous y arriverions dans un espace à quatre dimensions, puisqu'il est possible de choisir 16 carrés de l'hypercube de telle sorte que chaque sommet soit commun à quatre carrés et que chaque arête soit commune à deux carrés.

Le tore polyédrique dans l'hypercube.

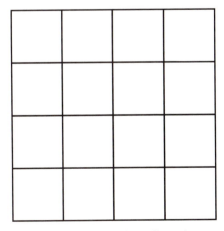

En pliant dans la quatrième dimension une grille de quatre carrés sur quatre de manière à faire coïncider les bords supérieur et inférieur ainsi que les bords gauche et droit, on créerait un tore polyédrique tel que celui qu'on obtient en retenant 16 faces carrées d'un hypercube.

Formons l'image tridimensionnelle de l'hypercube par projection centrale puis représentons-la sur un écran d'ordinateur : les images des 16 carrés sont des carrés, des trapèzes ou des quadrilatères plus compliqués. Tous ces polygones s'assemblent pour donner une sorte de boîte dont la forme rappelle celle, familière, d'un tore de révolution engendré par la rotation d'un cercle autour d'un axe. Quand nous faisons tourner l'hypercube dans l'espace à quatre dimensions, l'image du tore polyédrique semble animée de pulsations, se dilatant et se contractant à mesure qu'elle déroule ses faces. Afin de mieux apprécier l'importance de ce tore pour l'étude d'objets de dimension quatre, nous allons d'abord étudier l'usage de la projection centrale en cartographie.

Projection stéréographique

Les géographes ont imaginé toutes sortes de projections de la surface courbe d'une sphère sur une surface plane. Nous connaissons déjà l'une des techniques de représentation les plus utilisées : la projection centrale depuis un point de vue sur un plan horizontal. Quand on choisit le point de vue au sommet d'une sphère reposant sur un plan horizontal, la projection associe chaque point de la sphère à un unique point du plan. On réalise ainsi une cartographie plane de la sphère que les cartographes nomment projection stéréographique. Afin de la décrire en termes de rayons lumineux, considérons un globe transparent posé sur un plan et éclairé par une source lumineuse située au pôle nord. Par tout point de la sphère distinct du pôle nord passe un

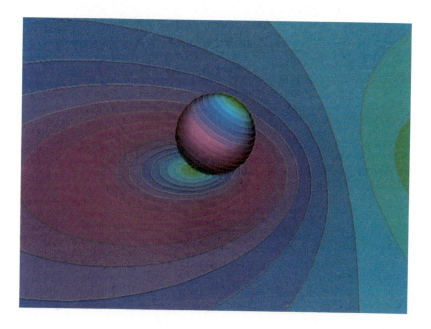

Une projection centrale à partir du pôle nord transforme une famille de cercles de la sphère en une famille de cercles du plan.

rayon lumineux qui projette sur le plan horizontal l'image unique de ce point. Réciproquement, tout point du plan est l'image d'un unique point de la sphère. Les rayons issus du pôle nord et passant par l'équateur forment un cône de révolution dont la section par le plan est un cercle. Plus généralement tout parallèle (ensemble des points de la sphère de latitude donnée) a pour image dans le plan un cercle.

En utilisant cette projection, nous formons une image fidèle de l'Antarctique, mais la carte présente des déformations de plus en plus importantes quand on s'approche de l'équateur. Les terres émergées de l'hémisphère nord sont encore plus déformées et l'image du Groenland, par exemple, est disproportionnée. Afin d'obtenir une image plus fidèle du Groenland, il suffit d'échanger les positions des pôles, mais ce sera au tour de l'Antarctique de se trouver proche de la source lumineuse et d'avoir une image déformée.

Une propriété fondamentale de la projection stéréographique est de transformer *tous* les cercles de la sphère (et pas seulement les parallèles de latitude) en cercles du plan, à l'exception de ceux qui passent par le pôle nord, dont les images sont des droites. Cette propriété permet de comprendre plus facilement ce qui se passe dans l'hémisphère sud lorsque nous faisons tourner le globe autour d'un axe diamétral horizontal.

Avant la rotation, l'image de l'hémisphère sud est un disque dont le centre est le point de contact de la sphère et du plan. Pendant la rotation, les images de l'équateur et de tous les parallèles de l'hémisphère sud restent circulaires, mais ces cercles ne sont plus concentriques. Quand le globe a tourné d'un demi-tour, l'équateur passe par le point le plus haut, juste sous la source lumineuse : son image devient une droite et celle de chaque hémisphère un demi-plan infini. Si nous continuons la rotation, la source lumineuse se retrouve sur l'hémisphère sud initial et l'image de ce dernier devient la partie illimitée du plan située à l'extérieur du cercle-image de l'équateur. Quand l'équateur est de nouveau horizontal, les deux hémisphères ont permuté et leurs images dans le plan sont inversées.

Trois images de la projection centrale d'une sphère sur un plan tangent horizontal pendant qu'elle subit une rotation de 90 degrés.

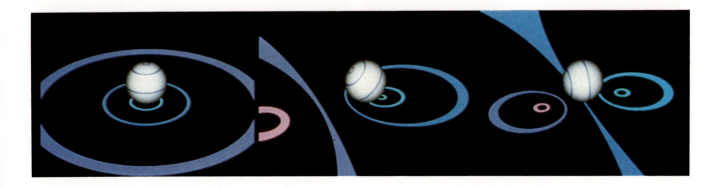

Projection stéréographique depuis un espace à quatre dimensions

Nous avons décrit quelques propriétés de la projection stéréographique d'une sphère de l'espace tridimensionnel sur un plan. Nous allons étudier la projection centrale de l'équivalent de la sphère en dimension quatre : l'hypersphère. Une sphère est l'ensemble des points situés à une distance donnée du centre : on définit l'hypersphère de la même manière. Tous les sommets d'un cube sont équidistants de son centre et sont situés sur une sphère circonscrite ; de même, tous les sommets d'un hypercube sont situés sur une hypersphère.

Tous les sommets du tore polyédrique à 16 faces (formé par le repliement dans la quatrième dimension d'une grille de quatre carrés sur quatre) sont situés sur une même hypersphère puisqu'il s'agit des 16 sommets d'un hypercube. De manière analogue, nous pouvons plier une grille carrée de huit carrés sur huit en dimension quatre de sorte que les 64 sommets soient situés sur une même hypersphère.

En effectuant une projection centrale de cet objet, nous formons l'image tridimensionnelle d'un tore polyédrique. Nous pouvons en observer diverses projections sur l'écran d'un ordinateur afin de vérifier qu'il s'agit d'une meilleure approximation d'un tore de révolution. En subdivisant la grille à l'infini, nous obtenons une surface de l'espace à quatre dimensions dont l'image par projection centrale a l'aspect d'un tore lisse. Cet objet particulier, étudié pour la première fois au siècle dernier par William Clifford, est nommé *tore de Clifford.* Cette surface de l'espace à quatre dimensions est d'une très grande importance en géométrie et en topologie, à cause de ses symétries remarquables, et apparaît également dans la physique des systèmes dynamiques : il s'agit notamment de la surface définie par les équations décrivant les positions et les vitesses d'un couple de pendules.

Développement plan d'un tore polyédrique en une grille de huit carrés sur huit.

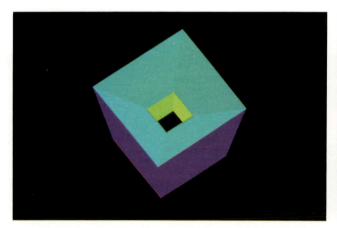

La projection centrale du tore de Clifford dans l'espace est donc un simple tore de révolution. Comme nous l'avons vu au chapitre trois, quatre types de cercles peuvent être tracés à la surface de cet objet : les cercles «horizontaux» de latitude, les cercles «verticaux» de longitude et deux familles de cercles contenus dans des plans formant un angle de 45 degrés avec le plan horizontal, les cercles de Villarceau. Comme la projection centrale conserve les cercles, le tore de Clifford est également parcouru par quatre familles de cercles. Si nous faisons tourner l'hypersphère contenant ce tore sous un éclairage fixe, les images du tore obtenues par projection stéréographique seront déformées, constituant une nouvelle famille d'objets nommés *cyclides de Dupin* d'après leur découvreur, Claude Dupin.

Afin d'étudier la structure du tore de Clifford, nous divisons sa surface en bandes cylindriques et nous en supprimons une sur deux. Quand nous faisons tourner l'hypersphère dans l'espace à quatre dimensions, certaines parties du tore donnent des images fidèles mais d'autres parties sont déformées. Si la rotation amène un des point du tore «sous» la source lumineuse quadridimensionnelle, l'image tridimensionnelle s'étendra à l'infini. Cette surface infinie est remarquable : comme le plan, elle partage symétriquement l'espace en deux demi-espaces identiques. Si la rotation se poursuit, l'image redevient un tore de révolution ordinaire, avec cette différence essentielle toutefois : les bandes cylindriques représentant initialement des parallèles de latitude sont désormais des méridiens de longitude. Au cours de cette transformation, le tore s'est retourné, échangeant intérieur et extérieur ainsi que latitude et longitude !

Dans le chapitre suivant, nous utiliserons cette projection centrale d'un tore «inscrit» dans une hypersphère pour modéliser les mouvements d'un couple de pendules.

Projections centrales dans l'espace usuel de surfaces de l'espace de dimension quatre obtenues par subdivisions successives du tore polyédrique. Plus on augmente le nombre de subdivisions, plus cette surface s'approche du tore de Clifford «inscrit» dans l'hypersphère.

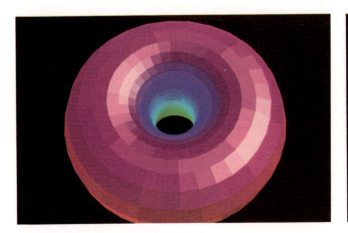
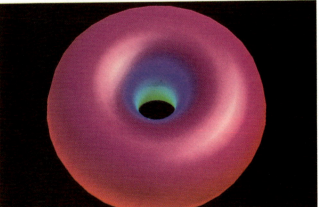

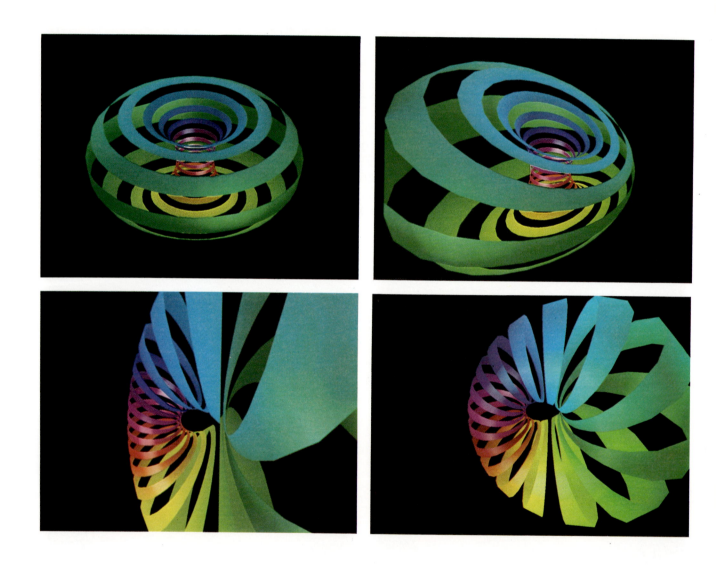

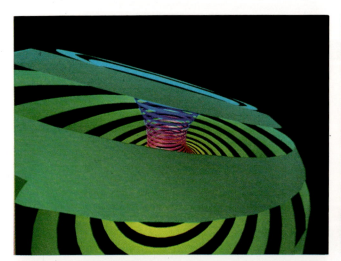

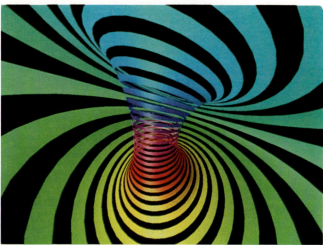

Sept vues en projection centrale du tore de Clifford en rotation dans l'espace à quatre dimensions. Les bandes horizontales qui dessinent les contours du tore sur la première image sont devenues verticales après un quart de tour.

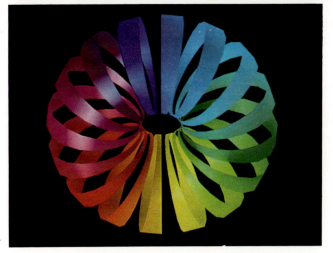

7 | Espaces des configurations

Au centre des techniques de la rééducation professionnelle de l'université de Vermont, Gerald Weisman et ses collègues étudient l'un des maux les plus courants et les plus coûteux à soigner : les lombalgies. Dans de nombreuses professions, les travailleurs effectuent quotidiennement des tâches qui mettent à l'épreuve les muscles du dos de différentes manières. En cas de lésion, ils doivent cesser toute activité et ne peuvent reprendre leur travail qu'au terme d'une rééducation. Quand le rééducateur décide de la reprise du travail, il ne se contente pas d'évaluer la force générale et l'endurance du patient : il a besoin d'une description précise des efforts requis par le travail considéré afin de se prononcer. Quelles sont les postures du sujet au cours de son travail ? Combien de temps reste-t-il dans ces positions, et en soutenant quelles charges ? Quelle est la fréquence des différents mouvements de flexion ou de torsion ? Cette analyse devient souvent un exercice dimensionnel, et la visualisation de tels ensembles de données en différentes dimensions est le thème commun des exemples de ce chapitre.

Rééducation et dimensions

Afin de dresser l'inventaire des positions possibles d'un travailleur, les chercheurs fixent sur son dos un goniomètre, dispositif qui mesure trois angles : deux angles donnent la position de la colonne vertébrale et sont exprimés par des coordonnées comparables à la longitude et à la latitude ;

Un goniomètre fixé sur le dos d'un travailleur enregistre les différents angles de flexion et de torsion lors du lever d'une charge. L'ensemble de ces postures est un exemple d'espace des configurations.

la troisième coordonnée indique la torsion des épaules par rapport au bassin. Ces trois nombres décrivent la position de l'appareil (et de la personne qui le porte) à tout instant au cours de l'exercice. En les reportant sur trois axes de coordonnées, nous faisons correspondre à chaque configuration un point unique de l'espace à trois dimensions. L'ensemble de ces points constitue l'espace des configurations de ce système particulier. Quand le travailleur change de position, le point correspondant se déplace dans l'espace des configurations. Si le travailleur exécute une série de tâches, nous obtenons une famille de points qui dessinent une courbe gauche. L'analyse de cette courbe nous renseigne sur les exigences physiques du travail considéré.

L'enregistrement d'une telle trajectoire dans l'espace tridimensionnel ne rend pas entièrement compte des mouvements du travailleur. Nous n'avons aucun moyen de savoir si cette personne marchait d'un point à un autre ou montait sur une échelle pendant que le goniomètre enregistrait flexions et torsions. Toutefois la connaissance de ces deux déformations suffit pour évaluer les contraintes imposées à la région lombaire.

A chaque métier est associé une dimension particulière qui correspond au nombre de directions différentes de flexion et de torsion qu'il impose : plus il y a de directions, plus grande est la dimension de l'espace des configurations où s'inscrivent les positions possibles du travailleur. Un gardien de parc ramassant des papiers se penche de nombreuses fois, toujours dans la même direction, et le goniomètre enregistrera les variations d'un unique angle. Nous pouvons représenter les flexions effectuées au cours d'une journée par une sorte de sismogramme, en reportant sur un rouleau de papier les changements de l'angle de flexion en fonction du temps. La lecture du graphe indiquerait combien de fois le gardien s'est penché au delà d'un certain angle, et pendant combien de temps. Si l'on se limite aux indications du goniomètre, le gardien exerce un emploi "unidimensionnel."

Une secrétaire se penche en avant mais également de chaque côté de sa chaise. Deux coordonnées suffisent pour décrire ses positions. Comme il n'y a pas de torsion, la troisième coordonnée angulaire est toujours nulle et la situation de sa région lombaire est représentée à chaque instant par un point dans un plan muni d'un repère. Au cours d'une journée de travail, ce point décrit une trajectoire sur l'écran de l'ordinateur, une "orbite" de l'espace des configurations. Remarquons que, dans cet exemple, il n'y a pas d'axe de coordonnées représentant le temps. Si nous voulons indiquer à quel instant la secrétaire a pris une position donnée, nous devons indexer le point correspondant sur la feuille d'enregistrement.

Les chercheurs de l'université du Vermont analysent de telles orbites en divisant le plan en cellules et en notant le nombre de fois que l'orbite pénètre dans une cellule particulière au cours d'une journée de travail. Ils mesurent ainsi la complexité et l'importance des efforts requis par un travail donné et déterminent les orbites qui conviennent aux employés ayant subi des lésions.

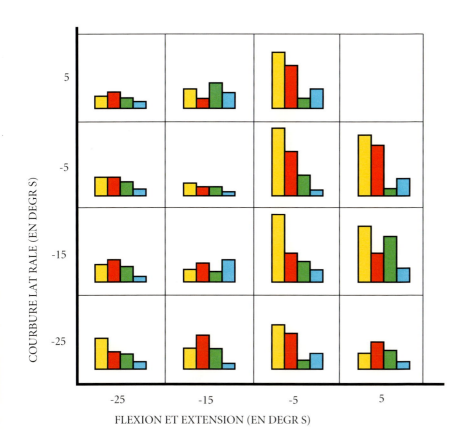

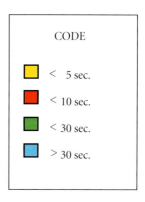

Ce graphique présente les mesures d'un gonio-mètre : la hauteur des barres indique la fré-quence des flexions latérales et frontales au cours d'un travail (chaque flexion est définie par sa durée et par l'amplitude des deux composantes).

Dans le cas d'un travail imposant des torsions en plus des deux types de flexions, chaque mesure du goniomètre livre trois coordonnées et l'orbite devient une courbe gauche de l'espace à trois dimensions. Ici encore, les chercheurs divisent l'espace des configurations en cellules ou "boites" et regardent combien de fois l'orbite y pénètre. Comme nous l'avons remarqué dans les chapitres précédents, l'analyse d'objets tridimensionnels passe souvent par leur projection sur des plans ; nous emploierons de nouveau cette technique.

Si nous voulions tenir compte de tous les paramètres concernant la région lombaire, un espace des configurations tridimensionnel ne suffirait pas. Imaginons par exemple que les rééducateurs décident de prendre en compte des variables telles que le poids de la charge à soulever ou la tempéra-ture ambiante : l'espace des configurations correspondant aura plus de trois dimensions. Pour analyser un ensemble de points d'un tel espace, les cher-cheurs utilisent des techniques géométriques similaires à celles qui nous ont servi dans l'étude d'objets élémentaires tels que l'hypercube. L'étude de ces structures de dimensions supérieures fournit un cadre général à l'interpréta-tion de données provenant de domaines très différents.

Danse et dimensions

Julie Strandberg, professeur de danse à l'université Brown, s'est inspirée de la notion de degré de liberté du mouvement dans sa chorégraphie *Dimensions,* une œuvre d'une vingtaine de minutes pour vingt-quatre danseurs dont plusieurs représentations furent données à l'université Brown et à New York. En guise de préparation, les danseurs commencent par effectuer une série d'exercices afin de mieux apprécier les conséquences d'une réduction du nombre de degrés de liberté de leurs mouvements. Ils s'allongent sur le dos, sur le ventre ou sur le côté à même le sol du gymnase, et s'efforcent de ramper en limitant leurs mouvements à deux dimensions. Puis ils se mettent debout et marchent sur une ligne en restant dans un plan vertical, telles des silhouettes égyptiennes. Ils explorent les mouvements possibles en gardant le dos plaqué au mur : ils peuvent faire la roue, mais les sauts périlleux leur sont interdits ; dans ces conditions, passer de l'autre côté d'un danseur constitue une performance athlétique.

Au cours de la représentation, les danseurs exercés quittent finalement le mur ; ils gardent d'abord le contact avec le plan de la scène tout en effectuant des mouvements de plus en plus compliqués puis, défiant la gravité, exécutent des sauts, des bonds et des mouvements balancés.

Cette chorégraphie évoque l'histoire d'un habitant de *Flatland* soudainement introduit dans le monde à trois dimensions. Le contraste entre les mouvements extrêmement contraints des habitants de *Flatland,* même les plus

Les mouvements des danseurs de Dimensions *évoquent les déformations de polygones prisonniers d'un plan vertical.*

imaginatifs, et la liberté de mouvement des danseurs de *Spaceland* est saisissant. La seule danseuse de *Flatland* à avoir une vision fugitive de ce paradis de dimension supérieure est fascinée par un couple de danseurs qu'elle finit par rejoindre : elle se glisse d'abord entre eux telle une carte à jouer jusqu'à ce qu'ils l'aident à se mouvoir dans l'espace par elle-même. On ressent alors à l'unisson de l'héroïne un sentiment de libération, renforcé par les couleurs et les rythmes complexes soulignant les tours, les sauts et les bonds impossibles à exécuter dans un plan. Comme l'on pouvait s'y attendre, l'héroïne est saisie de vertige et replonge prématurément dans son univers plat, hantée par le souvenir d'un monde plus libre et plus vaste. C'est une histoire triste, mais aussi une parabole magnifique.

L'espace des configurations de l'ensemble des positions chorégraphiques est de dimension extrêmement élevée. La seule position de la partie supérieure du bras gauche par rapport aux épaules est déjà tridimensionnelle : nous la déterminons par des angles analogues à ceux que mesurait le goniomètre au niveau de la région lombaire. La position de l'avant-bras, selon qu'il est replié ou tourné par rapport au bras, ajoute trois autres dimensions. Nous avons donc six dimensions pour le seul bras gauche, et nous n'avons pas encore considéré le poignet ! C'est en enregistrant et en analysant de telles configurations que nous prenons conscience du nombre élevé de dimensions du monde où nous évoluons.

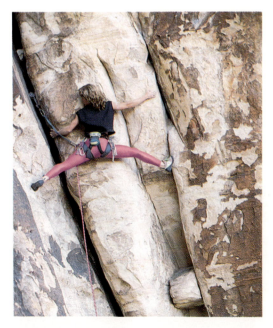

Une grimpeuse escaladant une falaise verticale se déplace essentiellement dans un espace bidimensionnel.

Orbites de systèmes dynamiques

Au cours de leur travail, deux chercheurs du département des mathématiques appliquées de l'université Brown ont exploré un espace des configurations beaucoup plus simple, à quatre dimensions seulement. Les professeurs Hüseyin Koçak et Fred Bisshopp ont produit d'énormes listes de nombres en effectuant des expériences sur un couple de pendules. Ils avaient programmé un ordinateur afin qu'il calcule les valeurs des positions et des vitesses des pendules au cours du temps en donnant différentes valeurs à leurs positions initiales et au rapport de leurs fréquences propres. Koçak et Bisshopp cherchaient une présentation de leurs résultats qui révélerait des relations impossibles à déduire d'un simple tableau de nombres. Ces mathématiciens s'intéressèrent à notre travail en géométrie ; ils espéraient que nos méthodes pour visualiser des configurations de dimensions supérieures les aideraient dans leur projet. Ils ne pouvaient pas mieux tomber !

Koçak et Bisshopp enregistraient la position de chaque pendule en marquant un point sur un cercle : à tout instant, un couple de points sur deux cercles déterminait les positions respectives des deux pendules. Ils auraient pu tracer les deux cercles côte à côte dans un plan, mais cette représentation n'aurait pas illustré convenablement la relation existant entre les mouvements des deux pendules. Il fallait trouver un moyen de faire apparaître plus clairement ces relations.

Nous visualisons une relation entre deux variables telles que la taille et l'envergure des bras en reportant leurs valeurs sur un plan, conçu comme une ligne de lignes où chaque ligne verticale correspond à un point de l'axe horizontal. De même, nous visualisons une relation entre les points de deux cercles au moyen d'un tore, conçu comme un cercle de cercles. Nous pourrions tracer le graphe d'une telle relation sur un tore tridimensionnel, où chaque cercle vertical est associé à un point de l'«axe» circulaire horizontal. Toutefois nous obtenons un graphe encore plus symétrique en travaillant dans un espace des configurations de dimension quatre et en

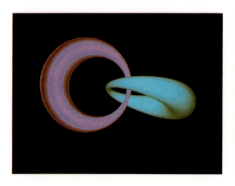 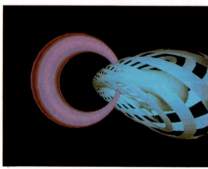 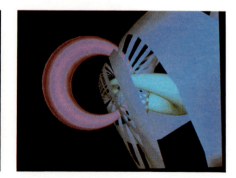

reportant les positions des pendules sur le tore de Clifford contenu dans l'hypersphère, surface que nous avons décrite au chapitre précédent. Cette représentation fait apparaître les relations les plus importantes entre les différentes orbites.

Nous avons donc représenté l'évolution d'un système de deux pendules par une suite de points dessinant une courbe sur le tore inscrit dans l'hypersphère. Grâce à nos ordinateurs graphiques, il était facile de visualiser la structure des orbites en fonction des valeurs des positions initiales et du rapport des fréquences des deux pendules. La répartition des points expérimentaux sur des orbites proches nous a donné l'idée de décomposer la surface torique en bandes. Cette technique s'avéra très utile pour la représentation et l'étude d'autres surfaces d'espaces à trois ou à quatre dimensions.

Quand l'un des pendules est immobile, les orbites tracées sur le tore sont des cercles de latitude ou de longitude. Quand les deux pendules sont synchrones, battant à l'unisson, le point représentant le système tourne autour du tore une fois par période, coupant chaque parallèle et chaque méridien exactement une fois. Ces orbites correspondent aux cercles que nous avons obtenus au chapitre trois en coupant un tore de biais par un plan qui lui est tangent en deux points. Le film *The hypersphere : Foliation and Projections*, réalisé conjointement par Koçak, Bisshopp, deux étudiants en informatique David Laidlaw et David Margolis et moi-même, donne une vision de l'ensemble des orbites possibles pour des pendules synchrones ; on nomme ces orbites cercles de Hopf, d'après le mathématicien suisse Heinz Hopf qui étudia leurs propriétés dans les années 1930. La famille des cercles de Hopf de l'hypersphère est une des plus mystérieuses figures des dimensions supérieures. Des ensembles de données moins monotones donnent des orbites d'une grande complexité. Nous avons notamment observé des courbes nouées et d'autres qui ne se referment jamais. C'est en comparant de tels systèmes complexes à la famille des cercles de Hopf que les chercheurs essayent de visualiser des relations plus subtiles entre les orbites des systèmes dynamiques.

Ces images montrent les orbites de pendules synchrones sous la forme des bords de bandes gris-bleu enveloppant des tores. La fréquence propre d'un pendule est déterminée par sa longueur. Chaque tore contient les orbites d'un système de deux pendules de fréquences (et donc de longueurs) données. Les orbites peuplant les différentes surfaces sont obtenues en faisant varier le rapport des longueurs des pendules : les orbites du tore mauve correspondent au cas où le premier pendule est beaucoup plus petit que le second et le rapport des longueurs est inverse pour les orbites du tore bleu-vert. Les images montrent comment la surface gris-bleu (en fait un croisillon de bandes) évolue quand le petit pendule s'allonge alors que l'autre se raccourcit. A «mi-chemin» des anneaux mauve et bleu-vert se trouve une surface s'étendant à l'infini, et contenant les orbites des couples de pendules de même longueur.

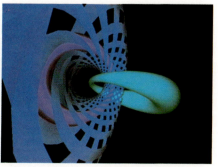
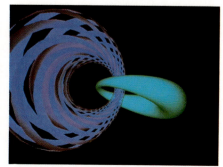

Anthropologie et espace des cercles

On trouve des configurations de cercles de dimension moindre dans des
domaines très éloignés de la physique et des mathématiques mais où la compréhension géométrique des dimensions est tout aussi utile. Le professeur
Richard Gould, du département d'anthropologie de l'université Brown, se
servit de l'espace des configurations des cercles d'un plan afin d'organiser des
informations relatives aux chasseurs-cueilleurs du bush australien. Un groupe
de chasseurs-cueilleurs conserve un camp fixe aussi longtemps que ses chasseurs trouvent du gibier alentour. A partir du foyer central, la zone de chasse
s'étend sur une grande surface, que l'on considérera comme un disque de
rayon donné. Si des prédateurs les menacent, les chasseurs reviennent chaque
nuit dans leur camp, et la taille du disque est relativement petite. Dans le cas
contraire, ils peuvent passer une ou plusieurs nuits sans retourner au camp, et
l'aire du disque correspondant est plus grande. Au bout d'un certain temps, le
camp est déplacé. Gould voulait connaître la distance parcourue par un
groupe et le profil de ses déplacements.

Afin d'analyser son ensemble de cercles, Gould caractérisa chacun d'eux
par trois nombres : deux nombres donnant la latitude et la longitude du feu
de camp, et un troisième donnant le rayon du disque. L'espace des configurations est donc tridimensionnel, et le déplacement de la colonie engendre

Camp de chasseurs-cueilleurs aborigènes dans le désert près de Tikatika, en Australie
occidentale.

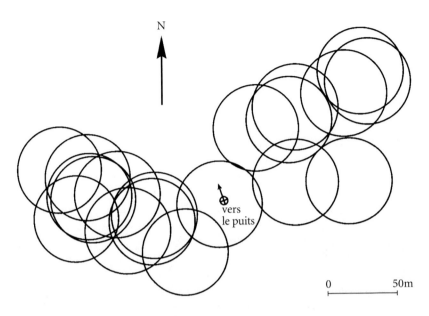

Cet ensemble de disques sécants montre l'emplacement des campements et les aires maximales des zones de chasse près du puits de Mulyangiril, en Australie occidentale.

une suite de points de cet espace, un «polygone dans l'espace des cercles». Si l'on veut déterminer l'aire totale de la zone de chasse sur une certaine période, il faut savoir comment les disques se recouvrent. La représentation tridimensionnelle offre dans ce cas un avantage supplémentaire : pour chaque couple de sites, Gould calculait un nombre qui indiquait s'ils se recouvraient ou si l'un était inclus dans l'autre.

La solution mathématique de ce problème a une curieuse histoire. L'espace des cercles fut étudié au siècle dernier par le mathématicien français Edmond Laguerre. Au triplet de nombres décrivant un cercle donné, il fit correspondre un point de l'espace tridimensionnel. La question de savoir si deux disques se recouvrent partiellement où si l'un est inclus dans l'autre se ramenait alors au calcul d'une «distance» entre les points correspondants. Toutefois, au lieu d'utiliser le théorème de Pythagore et d'exprimer la distance comme une somme de carrés, Laguerre définissait la distance par une différence de carrés. Cette notion généralisée de distance devint un outil essentiel de la géométrie relativiste. Nous allons la présenter en décrivant un espace des configurations moins réaliste, l'espace des cercles lumineux créés par des projecteurs sur une scène.

Aspects dimensionnels de l'éclairage d'une scène

Nous allons considérer un exemple très simple auquel correspond néanmoins un espace assez complexe d'objets géométriques. Le chef éclairagiste d'un théâtre doit disposer un ensemble de projecteurs au dessus de la scène de manière à en éclairer certaines parties à certains moments. La taille d'un cône de lumière doit parfois être modifiée au cours de la représentation ; il arrive également qu'un cercle de lumière colorée doive en contenir un autre. Comment cet éclairagiste arrivera-t-il à mémoriser tous ces cercles lumineux et comment transcrira-t-il ses instructions à l'intention de ses assistants ?

Les projecteurs ont tous la même forme : une unique ampoule est suspendue au plafond par un fil et un abat-jour conique délimite un faisceau qui dessine un disque de lumière sur la scène. La géométrie de l'abat-jour est telle que le rayon du disque est égal à la distance séparant l'ampoule du sol. S'il veut spécifier le rayon du disque, le chef éclairagiste n'a qu'à préciser la hauteur de l'ampoule, ce qui simplifie les indications à donner pour positionner chaque lampe : il lui suffit d'exprimer la position du centre du disque dans le même système de coordonnées qu'utilise le metteur en scène pour diriger ses acteurs, puis de compléter la description par une troisième coordonnée qui précise le rayon ou la hauteur. L'ensemble des projecteurs forme ainsi un espace des configurations tridimensionnel.

Au premier abord, l'usage de trois coordonnées n'est qu'un moyen pratique de caractériser les diverses lampes. Ainsi les coordonnées (6, 8, 3) donnent la position d'une lampe située à six mètres du côté gauche de la scène, à huit mètres du bord de la scène et à trois mètres de hauteur. Plus fondamentalement, l'ensemble des coordonnées définit un espace géométrique : les mathématiciens nomment espace un ensemble doté d'une structure particulière. Dans le cas présent, il est possible de déduire des coordonnées certaines

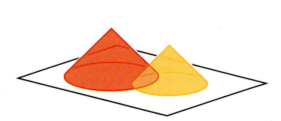

Les cônes de lumière émis par des projecteurs suspendus au-dessus d'une scène dessinent un ensemble de cercles lumineux sur la scène.

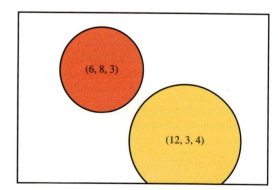

Les coordonnées donnant le centre et le rayon d'un disque lumineux permettent de déterminer s'il déborde ou non la scène.

propriétés des disques de lumière, leurs relations avec la scène et entre eux. Par exemple, le disque de coordonnées (6, 8, 3) est contenu dans les limites de la scène alors que celui défini par le triplet (12, 3, 4) est interrompu par le bord de la scène. Nous trouvons facilement la condition pour qu'un disque ne morde pas le bord de la scène : la deuxième coordonné doit être plus grande que la troisième. Nous découvrons ainsi un rapport entre la géométrie des configurations et les relations de leurs coordonnées.

Le chef éclairagiste peut résoudre des problèmes plus difficiles à l'aide des coordonnées. Par exemple, à quelles conditions un disque sera-t-il contenu dans un autre ? Nous sommes dans ce cas de figure si la distance entre les centres des disques, calculée à partir des deux premières coordonnées, est inférieure à la différence des rayons, obtenue en soustrayant les troisièmes coordonnées. Dans cet espace, les trois coordonnées ne jouent donc pas le même rôle et bien que sa géométrie soit tridimensionnelle, elle n'est pas identique à celle de l'espace ordinaire à trois dimensions.

Cet exemple nous fait mieux comprendre la désignation du temps comme quatrième dimension. Tôt ou tard, chacun entendra que "le Temps est la quatrième dimension", énoncé qui trahit une conception erronée de la notion de dimension. Déjà au siècle dernier, des écrivains avaient compris que, dans de nombreuses situations, le temps était assimilable à *une* quatrième dimension. En revanche, rien ne justifiait qu'il tînt le rôle privilégié de *la* quatrième dimension. Quand les physiciens, et spécialement ceux qui étudient les phénomènes relativistes, décrivent un événement en donnant trois coordonnées d'espace et une coordonnée de temps, ils utilisent un espace des configurations à quatre dimensions. Cet espace possède sa propre géométrie, qui n'est pas un prolongement de la géométrie dans l'espace. Dans un espace euclidien de dimension quatre, la distance est donnée par la généralisation du théorème de Pythagore. Dans l'espace-temps relativiste, la distance entre deux événements est donnée par l'équation :

$$d = \sqrt{(x-x')^2 + (y-y')^2 + (z-z')^2 - (t-t')^2}$$

où la coordonnée de temps, exprimée dans une unité particulière liée à la vitesse de la lumière, apparaît précédée du signe moins et non du signe plus comme la quatrième coordonnée d'espace dans le théorème de Pythagore généralisé.

Bien qu'il soit tridimensionnel, l'espace des configurations des cercles lumineux présente des analogies avec la géométrie quadridimensionnelle utilisée en modélisation moléculaire. Les atomes constituant une molécule sont représentés par des sphères de rayons divers. La description de l'arrangement des atomes au sein d'une molécule particulière est une liste de paramètres de telles sphères, où trois coordonnées définissent le centre de chaque sphère tandis que la quatrième coordonnée en donne le rayon. L'espace des configurations des atomes est donc quadridimensionnel. Nous pouvons entrer ce

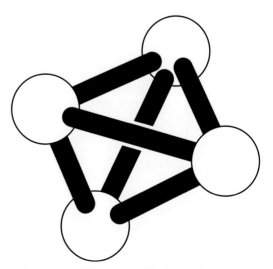

On peut modéliser une molécule simple par un ensemble de sphères non sécantes reliées par des tiges.

type de données dans un ordinateur graphique et commander à la machine d'afficher une vue particulière de la molécule. L'ordinateur peut aussi vérifier que deux atomes ne se recoupent pas en calculant si l'expression algébrique suivante est vérifiée :

$$(x - x')^2 + (y - y')^2 + (z - z')^2 - (r + r')^2 > 0$$

La géométrie de cet espace des configurations de dimension quatre est beaucoup plus proche de la géométrie de l'espace-temps relativiste que de la géométrie euclidienne quadridimensionnelle.

Compliquons le système d'éclairage que nous avons décrit précédemment en munissant chaque lampe d'un rhéostat contrôlant l'intensité du courant et donc l'intensité lumineuse du projecteur. Avec une coordonnée supplémentaire indiquant l'intensité de l'éclairage, l'espace des configurations devient quadridimensionnel ; si nous précisons la couleur de chaque lampe, nous augmentons encore la dimension. En général, on décrit une couleur à l'aide de différents paramètres indiquant la nuance dominante, la pureté et l'intensité ou au moyen de trois nombres indiquant les proportions relatives de rose, de jaune et de bleu (pour les pigments) ou de rouge, de vert et de pourpre (pour la lumière). Dans tous les cas, la définition des couleurs requerra trois coordonnées supplémentaires et le chef éclairagiste devra associer sept coordonnées à chaque projecteur : deux pour la position au sol, une pour le rayon, une pour l'intensité et trois pour la couleur. Nous voyons qu'un exemple simple peut conduire à un espace des configurations de grande dimension.

L'univers de la physique moderne est beaucoup plus complexe que celui conçu par Einstein, où les événements sont décrits par trois coordonnées d'espace et une de temps. Certaines théories actuelles utilisent dix dimensions d'espace et une dimension temporelle, donnant un espace des configurations à onze dimensions, et une importante théorie utilise même un espace des configurations à 26 dimensions ! Dans tous les cas, le choix de la théorie dépend, jusqu'à un certain point, du type de mathématiques qui sont les mieux adaptées à la description des relations complexes entre les événements de ces espaces de dimensions supérieures.

Espaces des configurations des segments et des droites

L'espace géométrique des segments a une longue histoire. Dans cette géométrie, les éléments de base ne sont pas des points, mais des segments déterminés par leurs deux extrémités. Déjà étudiée au siècle dernier comme un exemple d'une véritable géométrie à quatre dimensions, la géométrie des segments s'applique à des structures architecturales formées de planches, mais également à des œuvres d'art telles que les sculptures de Naum Gabo, faites de fils tendus sur des structures complexes. Le fait que les pièces élémentaires de

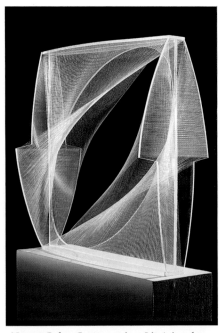

Naum Gabo, Construction Linéaire dans l'Espace N°1. *Des fils de nylon, tendus sur un cadre transparent, engendrent une structure dans l'espace des configurations des segments.*

nombreuses sculptures de Gabo puissent être décrites par des formules simples les rend peut-être plus belles. En comprenant comment sont engendrées ces formes élémentaires de l'espace des segments, nous apprécions mieux l'effort de création de l'artiste qui assemble ces éléments en une forme si expressive.

La complexité de l'œuvre finale reflète souvent sa dimension. Le récit suivant montre comment une série de problèmes de plus en plus compliqués conduit à une importante géométrie à quatre dimensions des segments de l'espace.

Dans le cadre d'une exposition de sculpture, deux artistes décident de décorer un mur au moyen de fils de plastique. Leur projet consiste à tendre 20 fils entre le bord gauche d'un mur et sa base. Afin de pouvoir remonter leur sculpture ultérieurement, ils doivent trouver un moyen de noter la position des fils. Un couple de nombres suffit à déterminer la position de n'importe quel fil : le binôme (120, 90) désigne ainsi le fil joignant le point de la base du mur situé à 120 centimètres du bord gauche au point du bord gauche situé à 90 centimètres de hauteur. Comme deux nombres suffisent pour situer un fil quelconque, l'espace des configurations est à deux dimensions.

En un sens, la construction d'une sculpture dans l'espace des segments se ramène au jeu classique consistant à relier des points. Dans le plan, un polygone est déterminé par une série de couples de nombres, et il suffit de relier convenablement les points correspondants pour dessiner la figure. Dans l'exemple illustré sur la figure ci-contre, les éléments de base ne sont plus des points mais des segments ; il s'agit d'un "polygone de segments".

Nous pouvons augmenter la dimension de l'ensemble des fils en attribuant à l'extrémité inférieure de chaque fil une position quelconque sur le sol de la salle, l'extrémité supérieure restant attachée au bord gauche du mur. Comme précédemment, nous avons besoin d'une seule coordonnée pour placer l'extrémité supérieure du fil, mais la position du point au sol nécessite deux autres coordonnées : cet espace des segments est tridimensionnel.

Si nous attribuons également à l'extrémité supérieure des fils une position quelconque sur le mur, nous obtenons un système à quatre dimensions, où chaque segment est caractérisé par quatre coordonnées : deux pour l'extrémité inférieure fixée au sol et deux autres pour l'extrémité supérieure fixée au mur.

Nous obtenons un exemple de "courbe" dans cette géométrie en reliant un point d'une ligne verticale sur le mur à un point d'une ligne horizontale et parallèle à la base du mur, puis en déplaçant les deux points d'une même distance sur leurs lignes respectives, l'un vers le bas, l'autre vers la droite. Nous engendrons ainsi une série de segments dans l'espace, auxquels correspondent une série de points situés sur une droite dans l'espace des configurations. L'enveloppe de ces segments est un paraboloïde hyperbolique, une surface mathématique très utilisée en architecture.

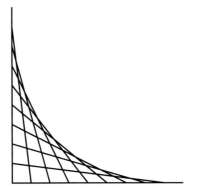

Deux points en mouvement uniforme sur deux axes perpendiculaires et coplanaires défissent une géométrie bidimensionnelle de segments.

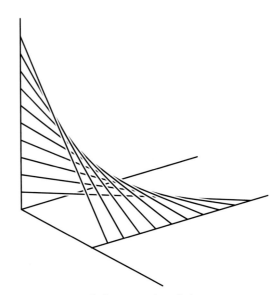

Deux points se déplaçant sur deux droites perpendiculaires mais non coplanaires engendrent un paraboloïde hyperbolique, représenté ici par un ensemble de fils.

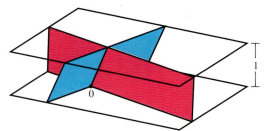

A chaque droite du plan horizontal supérieur correspond un plan de l'espace passant par l'origine.

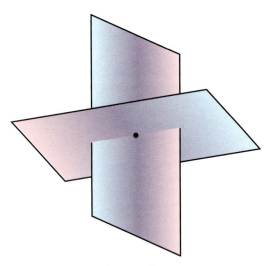

Quatre coordonnées suffisent à définir les plans de l'espace à quatre dimensions qui passent par l'origine. Deux parallélogrammes dont le centre est l'origine de l'espace à quatre dimensions peuvent se couper en cet unique point. Sur ce diagramme tridimensionnel, les points des parallélogrammes sont représentés en couleur afin d'indiquer leur «hauteur» dans la quatrième dimension : on voit qu'il n'y a qu'un seul point de l'espace quadridimensionnel qui appartient aux deux parallélogrammes, c'est-à-dire qui possède les trois mêmes coordonnées et la même couleur sur les deux figures.

Passons de l'espace des segments à l'espace des droites. Tout segment définit une droite et réciproquement, un couple de plans coupant une droite en deux points distincts définit un segment ayant ces points pour extrémités. Nous pouvons ainsi caractériser les droites de l'espace coupées par ces deux plans au moyen de quatre coordonnées, deux pour chaque point de rencontre : l'espace des droites de l'espace à trois dimensions est quadridimensionnel.

Des calculs nous indiquent si deux fils sont sécants ou non. S'il est courant que deux fils tendus sur un mur se coupent, deux droites choisies au hasard dans une famille tridimensionnelle sont rarement sécantes, et le sont plus rarement encore quand elles appartiennent au système quadridimensionnel des droites de l'espace.

Si l'ensemble des droites de l'espace à trois dimensions est quadridimensionnel, l'ensemble des droites d'un plan est bidimensionnel puisque nous pouvons caractériser toute droite qui ne passe pas par l'origine par les deux points où elle coupe les axes de coordonnées. Cet ensemble des droites d'un plan est en relation avec l'ensemble des plans de l'espace passant par l'origine. Pour comprendre cette relation, considérons un plan de référence qui ne passe pas par l'origine. Chaque plan passant par l'origine, sauf celui qui est parallèle au plan de référence, coupe ce dernier suivant une droite unique. Nous établissons ainsi une correspondance entre l'ensemble des plans passant par l'origine et l'ensemble bidimensionnel des droites du plan de référence. La dimension de l'ensemble des plans de l'espace à trois dimensions passant par l'origine est donc égale à deux. De même, à chaque plan de l'espace à quatre dimensions passant par l'origine correspond une droite d'un espace à trois dimensions qui n'inclut pas l'origine, et vice versa. Cette correspondance est au cœur de ce que l'on nomme la géométrie projective.

Dans les espaces de droites ou de plans, il semble toujours y avoir des cas particuliers, c'est-à-dire des droites ou des plans qui ne sont pas définissables dans ces systèmes de coordonnées. Plaçons-nous par exemple dans l'espace bidimensionnel des droites d'un plan : si nous identifions une droite du plan par ses intersections avec un axe «horizontal» et un axe «vertical», les droites passant par l'origine nous échappent. Si nous identifions une droite du plan par ses intersections avec deux axes verticaux, toutes les droites verticales nous échapperont. De même, si nous identifions les droites de l'espace par leurs points de rencontre avec deux plans sécants, nous serons incapables de distinguer les droites passant par la ligne d'intersection des deux plans ; si nous choisissons deux plans parallèles, ce sont les droites contenues dans les plans parallèles aux plans de référence qui nous échapperont. Si nous nous intéressons à la géométrie au voisinage d'une droite donnée, nous pouvons choisir nos plans de référence de manière à éviter tout problème dans la détermination des droites voisines et, de cette façon, nous pouvons étudier la géométrie projective de l'espace des droites ou des plans sans avoir à distinguer de cas particuliers.

Nous rencontrons le même type de difficultés dans la recherche d'un système de coordonnées qui convienne à tous les points d'une sphère. Dans le système usuel latitude-longitude, nous ne pouvons pas assigner un couple unique de coordonnées aux pôles, car les méridiens y convergent. Il s'agit des points singuliers de la carte.

Si nous faisons tourner la sphère sans toucher au système de coordonnées, les deux points singuliers ne seront plus dans les régions «arctique» et «antarctique», mais ailleurs sur la sphère. Nous savons qu'il est possible de créer un *atlas* qui contienne un ensemble de cartes telles que tout point est non singulier sur au moins une carte, et dont les chevauchements permettent de tracer un chemin reliant deux points quelconques. Cette notion d'atlas est au cœur de la définition d'un type particulier d'espace des configurations que l'on nomme *variété*. Dans ce type d'espace, chaque point appartient à une région possédant une carte sans singularités, et les recouvrements entre cartes sont suffisants pour que l'on puisse comparer les géométries au voisinage de deux points différents.

Après avoir construit un atlas d'une surface, nous pouvons déterminer si une fonction définie sur cette surface est *différentiable*, c'est-à-dire si on peut l'identifier localement à une fonction linéaire (dont le graphe est une droite, un plan ou un hyperplan, suivant la dimension). L'ensemble de toutes les fonctions différentiables est une caractéristique extrêmement importante de la surface, nommée *structure différentiable*. On a démontré très tôt qu'il n'existe qu'une structure différentiable possible sur la sphère de dimension deux, celle que nous connaissons dans notre espace, et les mathématiciens

La surface d'un tore est assimilable localement au plan tangent.

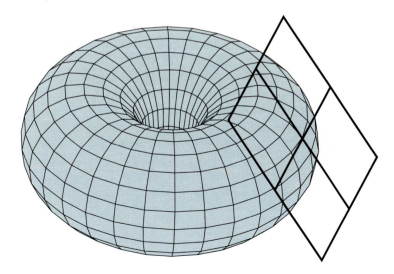

supposaient qu'il n'existait qu'une structure différentiable sur une sphère de dimension quelconque. Ce fut donc une véritable surprise lorsqu'en 1958, John Milnor montra qu'il existait des structures différentiables diverses sur la sept-sphère incluse dans l'espace de dimension huit. On peut construire un atlas parfaitement cohérent de cette hypersphère, au moyen duquel on identifie des fonctions différentiables ; mais si l'on compare ces fonctions à la collection des fonctions différentiables pour l'atlas usuel de la sept-sphère, on se rend compte que les deux ensembles sont différents. Milnor avait construit ce qu'il nomma une *structure différentiable exotique* sur une sphère de dimension supérieure, inaugurant un nouveau domaine de recherche, *la topologie différentielle.*

En dépit de l'existence de structures exotiques sur la sphère, la plupart des mathématiciens pensaient que la structure différentiable de l'espace *n*-dimensionnel, elle au moins, était unique. Cette conjecture fut prouvée pour toutes les dimensions à l'exception de la quatrième, et les mathématiciens s'attendaient à ce que la preuve en soit finalement apportée. Ce fut donc la stupéfaction lorsqu'au début des années 1980, deux jeunes mathématiciens, Michael Freed et Simon Donaldson, montrèrent de concert que cette opinion était fausse : il existe un infinité de manières de construire une structure différentiable sur l'espace à quatre dimensions.

Fronts d'ondes et courbes développées dans le plan

Les radiateurs et les haut-parleurs affectent l'espace environnant en émettant des ondes thermiques et sonores. L'allure des ondes dépend de la géométrie de la source et de sa position dans l'espace. De nombreuses sources émettrices ont la propriété de focaliser les ondes, de la même façon que les lentilles focalisent la lumière. L'acoustique géométrique et l'optique géométrique, deux domaines imbriqués des mathématiques, étudient la propagation des fronts d'ondes et les propriétés de focalisation des courbes et des surfaces ; ces travaux associent la géométrie des droites de l'espace et celle des cercles du plan.

Les ondes émises par une source interfèrent souvent pour créer des foyers ; ces foyers forment des figures d'autant plus complexes que la dimension de la source croît. Nous allons de nouveau utiliser l'analogie dimensionnelle afin de mieux comprendre ces figures. Après avoir maîtrisé la géométrie des foyers dans le cas des courbes planes, nous appréhenderons plus facilement celle, autrement complexe, des surfaces focales dans l'espace à trois dimensions. En outre, il est souvent possible de comprendre la géométrie d'une source dans un espace de dimension donnée en étudiant dans la dimension supérieure un espace des configurations de droites ou de cercles associés à la source.

La structure des ondes est d'autant plus simple que la géométrie de la source est simple. Ainsi, quand nous parlons au téléphone, notre voix est assimilable à une source ponctuelle d'ondes qui se déplacent le long du câble téléphonique. De même, quand nous chauffons l'extrémité d'une tige métallique, la chaleur se propage le long de l'objet à partir de ce point. Dans ces cas, un "point d'onde" unique parcourt un espace à une dimension. En attribuant à chaque point de la tige une couleur en fonction de sa température, nous observons un spectre sur le chemin de l'onde indiquant la distance parcourue par celle-ci, depuis le rouge (côté chaud) jusqu'au violet (côté froid). Si nous chauffons le milieu de la tige de métal, l'onde de chaleur partira dans les deux sens ; les points situés à égale distance du centre auront la même température, et donc la même couleur.

Des cercles concentriques s'étendent à partir d'une source ponctuelle.

Passons à deux dimensions : il suffit de considérer les ondes créées par un caillou jeté dans une mare tranquille ou un incendie de forêt s'étendant à partir du point d'impact de la foudre. Les fronts d'ondes sont des cercles concentriques, se propageant à partir d'une source ponctuelle. Si ce point est une source de chaleur, on regroupe les points de même température en cercles isothermes analogues aux lignes isothermes d'une carte météorologique. En coloriant chaque cercle en fonction de son rayon, on indique également la température de ses points et on transforme une variable en une autre.

Si la source de chaleur est un radiateur mural, les isothermes au sol sont des droites parallèles au mur. La chaleur se propage en ondes rectilignes qui n'interfèrent jamais entre elles : l'absence d'interférences est une conséquence de la géométrie linéaire de la source.

Des structures plus intéressantes apparaissent quand la source n'est ni un point ni une droite, mais un objet possédant une courbure. L'exemple le plus simple est celui d'une onde plane émise par une source circulaire. Si nous frappons un cylindre métallique immergé dans un étang et affleurant la surface, nous émettons deux ondes qui se propagent à la surface de l'eau. L'une se propage à l'extérieur du cylindre en cercles concentriques de rayons indéfiniment croissants, tandis que l'autre onde se contracte vers le centre. Là, elle se réduit à un point focal avant de réapparaître sous la forme d'un cercle de même centre et de rayon croissant ; nous supposerons que cette onde franchit le bord du cylindre et se propage au delà. Chaque point du plan à l'exception du centre voyant le passage des deux ondes, le codage par couleurs n'est pas aussi pratique que dans le cas d'une source ponctuelle ou rectiligne puisque nous ne pouvons plus attribuer une couleur unique à chaque point.

Toutefois nous pouvons utiliser les couleurs d'une autre manière afin d'indiquer ce qui se passe quand le cercle intérieur se réduit à un point puis réapparaît. Colorions tous les points du cercle initial de manière à former une roue chromatique : en parcourant le cercle dans le sens inverse des aiguilles d'une montre, nous passons du rouge à l'orange, au jaune, au vert, au bleu et enfin au violet. Quand le front d'onde se déplace vers l'intérieur, chacun de ses points décrit une droite. Après que ces lignes ont convergé au foyer puis sont réapparues, le point rouge se trouve à l'opposé de sa position de départ, de même que chaque point coloré du front d'onde : le cercle s'est retourné lors de son passage par le foyer.

Les ondes circulaires émises par un cercle-source convergent au centre puis réémergent, inversées.

Le comportement des ondes est beaucoup plus complexe quand elles sont émises par une source dont la courbure n'est pas uniforme, telle une ellipse. Pour représenter la région balayée par les ondes parallèles peu de temps après leur émission, dessinons des petits cercles de même rayon dont les centres sont des points de l'ellipse. La région couverte par ces cercles est limitée par deux courbes parallèles à l'ellipse. L'enveloppe extérieure s'étend dans toutes les directions, engendrant une famille de courbes qui n'interfèrent pas. Ces courbes ont une forme quasi elliptique mais ne sont pas des ellipses.

La courbe intérieure se comporte différemment. Peu après que l'onde ait commencé à se propager vers le centre de l'ellipse apparaissent des *singularités*, c'est-à-dire des points de rebroussement. Alors que dans le cas du cercle, la totalité de la courbe se focalisait en un point à un moment donné, dans le cas de l'ellipse, les différentes régions de la courbe se focalisent à des moments différents. Les premières singularités apparaissent près des points de l'ellipse bleu sombre (*figure ci-contre*) où la courbure est la plus forte. La courbe intérieure bleu clair présente alors deux points anguleux. L'instant d'après, ces coins se divisent en "queues de poisson", si bien que la courbe possède maintenant quatre points de rebroussement et deux points doubles où elle se coupe elle-même. Par la suite, les deux points doubles coïncident (*vert clair*) puis disparaissent, laissant une courbe à quatre points de rebroussement sans points doubles (*vert foncé*). Les deux arcs verticaux finissent par se couper à leur tour, créant deux points doubles en plus des quatre points de rebroussement (*jaune et orange clair*). Enfin, les paires de points de rebroussement fusionnent avec un point double chacune (*orange foncé*), donnant une courbe sans points singuliers et semblable à une ellipse (*rouge*). Au cours de cette évolution, la courbe initiale a subi une inversion complète.

Si nous représentons l'ensemble des courbes issues de l'ellipse sur le même diagramme, nous observons un nouveau phénomène que l'examen individuel de ces figures n'aurait peut-être pas révélé : les points de rebroussement dessinent une courbe, nommée *courbe focale* ou *développée* de l'ellipse. La connaissance d'une figure quelconque permet d'en tracer les courbes parallèles, et la réunion des points de rebroussement de ces dernières donnera la courbe focale de la figure considérée.

Cette courbe focale est d'une grande importance en géométrie, et on peut l'étudier de différentes manières. Au lieu de représenter les courbes parallèles issues de la courbe initiale, considérons des rayons émis perpendiculairement à partir de points régulièrement espacés sur la courbe. Imaginons que des spectateurs assis au bord d'un stade en forme d'ellipse émettent chacun un rayon laser formant un angle droit avec ce bord. Vus d'avion, les rayons lumineux dessineraient une figure lumineuse nommée *caustique* par les chercheurs en optique géométrique. La caustique est identique à la courbe focale. Dans le cas d'un stade circulaire, les rayons convergeraient au centre et la développée se réduirait à un point.

Une ellipse et plusieurs de ses courbes parallèles intérieures.

Les caractéristiques de la développée nous renseignent sur la manière dont la courbure varie quand on parcourt l'ellipse. Par exemple la développée a les mêmes symétries que l'ellipse. Elle a ses propres singularités, deux points de rebroussement situés sur le grand axe de l'ellipse et deux autres sur le petit axe. Supposons que les rayons issus de la circonférence de l'ellipse soient dirigés dans les deux sens : nous pouvons alors diviser le plan en deux régions. Dans la première région, chaque point est le lieu d'intersection de deux rayons, tandis que dans la seconde région, quatre rayons passent par chaque point. La courbe développée sépare précisément ces deux régions.

Quand on représente sur une même figure un grand nombre de courbes parallèles à une ellipse, leurs points de rebroussement dessinent la courbe focale de l'ellipse.

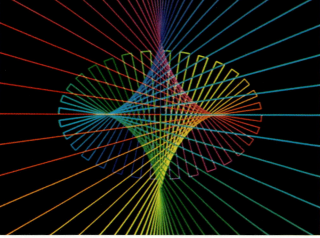

Des rayons émis perpendiculairement au bord d'une ellipse font apparaître sa courbe focale sous la forme d'une caustique brillante.

Si nous ajoutons une troisième dimension, cette partition apparaît plus clairement. Imaginons que les spectateurs assis au bord du stade pointent leurs lasers non plus à l'horizontale, mais dans une direction faisant un angle de 45 degrés avec la pelouse : les rayons forment alors une surface dans l'espace au dessus du stade. Vue d'avion, la figure ressemble à la précédente mais vue du sol, elle est beaucoup plus surprenante. Les intersections des rayons définissent deux courbes de points doubles et leurs interférences forment des courbes lumineuses de points de rebroussement. En certains points, les arcs de points doubles convergent avec les arcs de points de rebroussement, donnant des singularités encore plus complexes. Les faisceaux de lumière émis à partir de points espacés sur le périmètre du stade s'entrelacent comme les doigts des deux mains. Si des rayons étaient émis à partir de tous les points de l'ellipse, ils engendreraient une surface, la surface focale de l'ellipse.

Cette surface, avec ses courbes de singularités, contient la séquence de toutes les courbes parallèles de l'ellipse : pour les obtenir, il suffit de couper la surface par des plans horizontaux. La coupe obtenue à une hauteur donnée n'est autre que la courbe parallèle dont la distance à l'ellipse dans le plan est égale à cette hauteur, l'angle des faisceaux de lumière avec le sol valant 45 degrés. Si le plan horizontal coupe l'un des deux arcs de points doubles, la courbe parallèle résultante possédera une paire de points doubles, et si le plan coupe un des arcs de points de rebroussement, la courbe parallèle aura un point de rebroussement à cet endroit.

De larges faisceaux de lumière émis depuis la circonférence d'une ellipse dans une direction faisant un angle de 45 degrés avec le plan de l'ellipse engendrent la surface focale de l'ellipse dans l'espace. De gauche à droite, cette surface est représentée vue de dessus, de trois-quarts, puis totalement remplie.

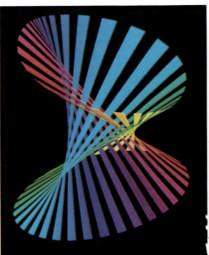
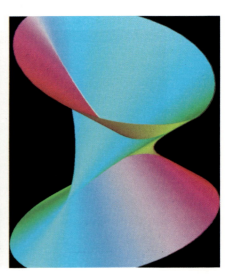

Cette surface nous ramène à la géométrie tridimensionnelle des cercles du plan de Laguerre, mentionnée précédemment dans ce chapitre. Dans cette géométrie, un point de l'espace tridimensionnel est associé à un cercle du plan, les deux premières coordonnées du point correspondant à celles du centre du cercle dans le plan et la troisième coordonnée donnant son rayon. Il en résulte que les points d'une droite perpendiculaire à une droite du plan horizontal et faisant un angle de 45 degrés avec ce plan correspondent aux cercles du plan qui sont tangents à la droite en ce point, le rayon d'un tel cercle étant égal à la distance de son centre à la droite du plan. Nous voyons qu'à l'ensemble des points des droites inclinées à 45 degrés qui forment la surface focale d'une courbe correspond l'ensemble des cercles tangents à la courbe en au moins un point. En raison de cette correspondance, nous découvrons de nombreux aspects de la géométrie de la courbe sur la surface focale. Par exemple, la courbe des points doubles, suivant laquelle la surface catastrophe se coupe elle-même, correspond à l'ensemble des cercles tangents à la courbe en au moins deux points.

Nous allons étendre ces conclusions à un cas déjà traité en transformant l'ellipse en un cercle. Durant cette déformation, les rayons obliques se déplacent jusqu'à ce que la caustique, divisée en quatre arcs sur la surface focale de l'ellipse, se réduise à un point focal unique, sommet d'un cône double. Nous pouvons considérer la courbe focale de l'ellipse comme une perturbation de ce point hautement singulier du cône de révolution. Cette image d'un point conique nous servira plus loin dans l'étude des surfaces de révolution.

La surface focale d'un cercle est un cône de révolution.

Les coupes horizontales de la surface focale restituent les courbes parallèles à l'ellipse échelonnées dans l'espace.

Fronts d'onde dans l'espace à trois dimensions

Les mathématiciens ont découvert de nombreuses propriétés des courbes planes en les reliant à la géométrie des surfaces focales dans l'espace tridimensionnel. La méthode consistant à enregistrer les formes successives d'un objet changeant et à les développer dans une autre direction de l'espace permet de transformer des séquences temporelles se déroulant dans un espace donné en une configuration statique dans un espace de dimension supérieure. En appliquant nos techniques de visualisation à la surface focale statique, nous étudions de façon nouvelle le phénomène sous-jacent.

Nous pourrions examiner d'autres courbes planes par les mêmes méthodes, recherchant les relations entre une courbe et sa courbe focale afin de mieux comprendre comment l'objet plan correspondant émet des ondes. Comme notre objectif premier est l'étude des dimensions, nous allons plutôt utiliser l'expérience acquise avec des objets à deux dimensions pour décrire des phénomènes de dimension trois ou plus.

Que se passe-t-il quand l'espace où l'onde se propage n'est plus à deux mais à trois dimensions ? Si nous choisissons la source la plus simple possible, un point rayonnant de la chaleur, du son ou de la lumière, alors les ondes émises dans l'espace environnant sont des sphères concentriques. La vitesse exacte des ondes dépend des caractéristiques physiques du système, mais nous observons dans tous les cas ces fronts d'ondes sphériques.

Si nous voulions représenter la propagation des ondes à partir d'un point, nous commencerions par dessiner un ensemble de sphères concentriques, mais la plus grande sphère masquerait toutes les autres. Nous

Ces vues en coupe montrent que les ondes émises par un cercle dans l'espace forment une surface torique qui finit par se couper, donnant une cyclide «à pavillon» puis une cyclide «à fuseau».

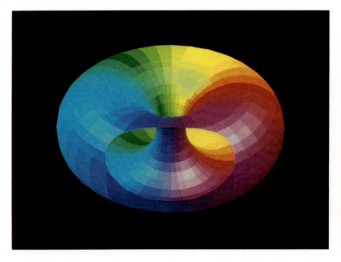
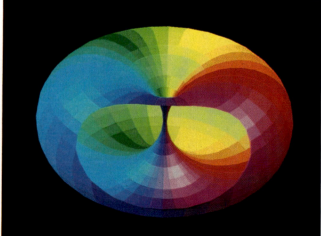

pourrions utiliser des sphères transparentes, ou profiter des symétries du front d'onde pour n'en représenter qu'une moitié, par exemple l'hémisphère inférieur. Les ondes issues de la source ponctuelle ressembleraient alors à des coquilles hémisphériques emboîtées qui seraient toutes visibles à la fois. En examinant cette représentation, nous voyons que les cercles concentriques situés dans le plan équatorial correspondent à la propagation d'ondes planes émises par une source ponctuelle.

Si la source est une droite, l'objet unidimensionnel le plus simple, les fronts d'ondes sont des cylindres de révolution coaxiaux. Une section perpendiculaire à la droite donne de nouveau la famille des cercles concentriques engendrés par une source ponctuelle du plan. Une section par un plan contenant l'axe nous ramène au cas déjà vu d'une droite émettant des paires d'ondes rectilignes et parallèles.

Si la source est un cercle, la courbe fermée la plus simple, les ondes émises dans l'espace sont des surfaces de révolution. Au début, le front d'onde est un tore : nous engendrerons cette surface en faisant tourner un petit cercle centré sur un point du cercle source et perpendiculaire au plan de ce cercle. Comme le front d'onde s'éloigne du cercle source, il finit par se recouper lui-même, faisant apparaître des singularités.

Pour éviter que la surface parallèle extérieure ne masque ce qui se passe à l'intérieur, nous la découpons, rendant visible l'ensemble des surfaces parallèles. Si nous coupons par le plan contenant le cercle source, nous observons une paire de cercles concentriques, identiques aux fronts d'onde émis par un cercle dans le plan.

Cette vue en coupe révèle les ondes sphériques émises par un point de l'espace.

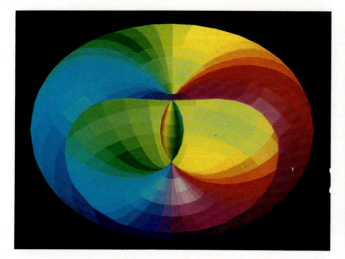
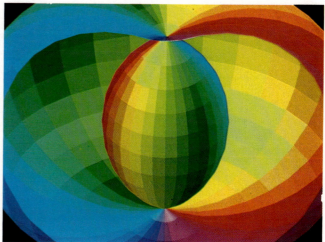

Les surfaces parallèles d'un ellipsoïde de révolution.

En revanche, si nous coupons par un plan perpendiculaire au plan du cercle source et passant par son centre, la figure obtenue est entièrement nouvelle. Un tel plan coupe le cercle source en deux points diamétralement opposés, d'où émanent deux familles d'ondes circulaires concentriques. Si nous regardons la propagation des fronts d'ondes vers l'intérieur, les deux cercles n'ont d'abord aucun point d'intersection, puis se touchent en un point et enfin se coupent en deux points.

A tout moment, la surface parallèle correspond à la surface de révolution de ces cercles autour de leur axe de symétrie. Au début, cette surface est un tore et ne présente pas de singularités. Lorsque les ondes circulaires entrent en contact, la surface de révolution devient ce que les géomètres du dix-neuvième siècle nommaient une «cyclide à pavillon». Lorsqu'elles se coupent, la surface de révolution devient une «cyclide à fuseau», possédant deux points singuliers semblables au point singulier du cône double.

Il nous reste à découvrir les surfaces parallèles correspondant aux ondes émises par une surface de l'espace à trois dimensions. Comme auparavant, si la surface émettrice est lisse et si la distance à cette surface est assez petite, les surfaces parallèles sont lisses elles aussi. Quand la distance croît, des singularités peuvent apparaître. Par exemple la surface parallèle d'une sphère se contracte jusqu'à se confondre avec le centre de la sphère puis resurgit à partir de ce point : dans ce cas, il n'y a qu'un seul foyer.

Dans le cas d'un ellipsoïde de révolution, surface engendrée en faisant tourner une ellipse autour de l'un de ses axes de symétrie, les surfaces parallèles sont elles-mêmes des surfaces de révolution, engendrées par rotation des courbes parallèles à l'ellipse autour du même axe. Les singularités de ces

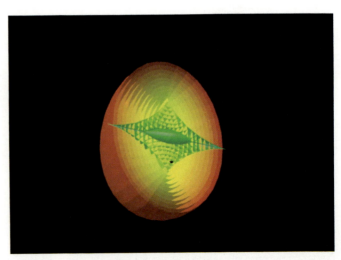

Surfaces parallèles d'un ellipsoïde aux axes inégaux.

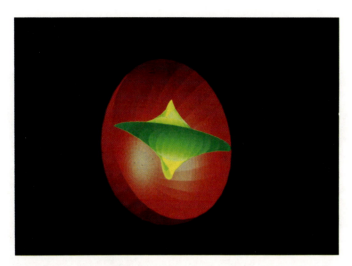

La surface focale de l'ellipsoïde à axes inégaux est engendrée par les arêtes de rebroussement des surfaces parallèles.

surfaces parallèles sont des cercles de points de rebroussement, des «points de fuseau», ou encore des cercles de points doubles. Toutes ces singularités se trouvent soit sur la surface de révolution engendrée par la développée de l'ellipse, soit sur l'axe de révolution.

Qu'arrive-t-il quand l'ellipsoïde de révolution est déformé en un ellipsoïde à trois axes inégaux ? Cette question fut soulevée il y a plus de 130 ans par le mathématicien britannique Arthur Cayley. En se donnant beaucoup de mal, il parvint à créer une figure montrant la forme de la surface focale dans un cas particulier. Aujourd'hui, nous utilisons l'ordinateur pour créer des familles entières de surfaces parallèles et leurs surfaces focales associées.

8 | Dimension et géométrie analytique

Tout ce que nous avons appris jusqu'ici sur les dimensions s'inscrit dans le cadre de la géométrie analytique. Nous avons considéré à plusieurs reprises des séquences de nombres donnant les coordonnées d'un lieu ou d'une forme. L'identification d'un point d'un espace à une suite de nombres fonde le rapport entre la géométrie et l'algèbre. Les relations géométriques entre les points du plan sont décrites par des relations entre des couples de nombres, et les relations entre les points de l'espace sont décrites par des relations entre des triplets de nombres. Aux transformations géométriques telles que les homothéties et les projections correspondent des opérations sur des couples ou des triplets de coordonnées. Les propriétés géométriques se traduisent en propriétés algébriques et vice versa. Le domaine mathématique qui traite de ces opérations est nommé algèbre linéaire.

Malheureusement ce traitement mathématique des dimensions, très formalisé, a tenu le grand public à l'écart des plus beaux résultats. Dans ce livre, j'ai choisi à dessein de présenter les sujets géométriques d'un point de vue synthétique : je n'ai utilisé les coordonnées qu'en de rares occasions et je n'ai pas développé les aspects algébriques.

Cette approche synthétique domina les recherches en géométrie depuis l'antiquité égyptienne et grecque jusqu'au dix-septième siècle. Deux autres siècles s'écoulèrent entre l'invention de la géométrie analytique par René Descartes et le développement d'une géométrie analytique des dimensions supérieures.

Les lignes intriquées de James Billmyer relient des points particuliers de la toile, conduisant l'œil du spectateur hors du cadre et l'y ramenant suivant quatre directions différentes codées par des couleurs particulières.

Les mathématiciens limitèrent tout d'abord le champ d'application de la géométrie analytique aux nombres associés aux points d'une droite et aux couples de nombres associés aux points d'un plan, mais au début du dix-neuvième siècle il devint clair que cet algèbre s'appliquait également aux points de l'espace à trois dimensions.

De nos jours, de telles généralisations semblent naturelles. Un théorème relatif à des objets plans, quand il est exprimé au moyen de coordonnées, suggère souvent un théorème analogue en géométrie dans l'espace : il suffit d'écrire trois coordonnées au lieu de deux. Si nous pouvons passer de deux à trois coordonnées, pourquoi ne pas aller jusqu'à quatre ? Comme les règles algébriques sont pratiquement les mêmes, nous pouvons étendre les théorèmes sur des couples ou des triplets de nombres afin d'énoncer des théorèmes analogues sur des quadruplets. En géométrie analytique, les résultats les plus intéressants sont obtenus en exprimant une relation géométrique à l'aide de coordonnées puis en manipulant algébriquement ces couples ou ces triplets de nombres avant d'interpréter les effets de ces transformations sur les points correspondants dans le plan ou dans l'espace. Quelle interprétation géométrique pouvons-nous donner des manipulations analogues de quadruplets de nombres ? Et comment interpréter les relations entre des séquences de cinq, onze ou 26 coordonnées ?

La plupart des mathématiciens travaillant sur les dimensions supérieures se sont contentés d'utiliser les propriétés formelles de l'algèbre linéaire ; s'ils en ont gardé le vocabulaire géométrique, ils ont renoncé à en visualiser concrètement les concepts. Cette attitude s'est modifiée avec l'arrivée des ordinateurs, qui ignorent dans quelle dimension ils opèrent. Si nous entrons des couples de nombres, l'ordinateur les représentera par des points sur l'écran. Si nous entrons des triplets de nombres, il remplacera chaque triplet par un couple selon une règle donnée, puis représentera les couples par des points. Les méthodes utilisées pour calculer ces coordonnées d'écran sont celles de l'algèbre linéaire.

Coordonnées et axes

Avant d'aborder la manipulation d'objets dans un espace de dimension supérieure, nous allons présenter brièvement quelques unes des techniques permettant de représenter des nombres, des couples et des triplets de nombres dans les géométries à une, deux ou trois dimensions.

Sur une droite, choisissons une origine notée 0 et un point unité noté 1. L'origine sert de point de départ et la distance entre 0 et 1 définit une échelle.

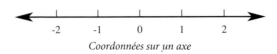

Coordonnées sur un axe

Tout point de la demi-droite d'origine 0 passant par 1 est caractérisé par sa distance à l'origine, et tout point de la demi-droite opposée est caractérisé par sa distance à l'origine précédée du signe moins. A tout point de la droite correspond alors un nombre réel, son abscisse, et à chaque nombre réel correspond un unique point de la droite. La droite est un espace à une dimension.

Le plan est un espace à deux dimensions. Pour définir les coordonnées des points du plan, choisissons deux droites nommées axes de coordonnées dont le point d'intersection sera l'origine, notée $(0, 0)$. Nous notons $(x, 0)$ le point du premier axe d'abscisse x, et $(0, y)$ le point du second axe d'ordonnée y. Par tout point du plan, nous pouvons mener des parallèles aux axes qui coupent l'axe des abscisses en un point $(x, 0)$ et l'axe des ordonnées en un point $(0, y)$. Le lieu du point par rapport à ces axes de coordonnées est alors complètement déterminé par le couple (x, y). Le point (x, y) est le quatrième sommet d'un parallélogramme dont les trois autres sont l'origine et les points $(x, 0)$ et $(0, y)$. En géométrie analytique, cette construction géométrique correspond à la somme de deux couples de coordonnés, dont le résultat est un couple de coordonnées égales à la somme des coordonnées correspondantes, c'est-à-dire :

$$(a, c) + (b, d) = (a + b, c + d)$$

Pour un point quelconque, on écrit $(x, y) = (x, 0) + (0, y)$. Chaque point est alors défini par la somme des coordonnées de deux points pris sur les deux axes. Dans ce système de coordonnées, le carré unité est défini par ses quatre sommets $(0, 0)$, $(0, 1)$, $(1, 0)$ et $(1, 1)$.

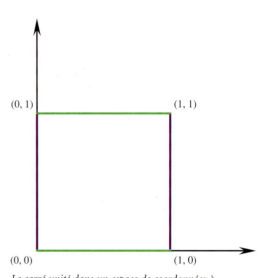

Le carré unité dans un espace de coordonnées à deux dimensions.

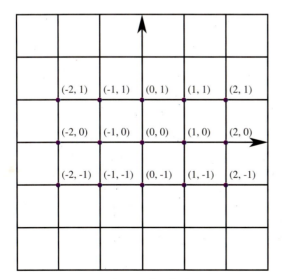

Coordonnées dans le plan

Afin de définir les coordonnées des points de l'espace, nous choisissons trois axes qui se coupent en un même point, l'origine notée (0, 0, 0). Les points du premier axe sont notés (*x*, 0, 0), ceux du deuxième axe (0, *y*, 0) et ceux du troisième axe (0, 0, *z*). Comme dans le cas des points du plan, nous définissons la somme de deux triplets comme un triplet dont chaque coordonnée est la somme des deux coordonnées correspondantes. En faisant la somme des triplets des points des deux premiers axes, nous obtenons le plan 1-2, contenant tous les points de la forme (*x*, *y*, 0) = (*x*, 0, 0) + (0, *y*, 0). Nous définissons de même le plan 1-3 comme l'ensemble des points (*x*, 0, *z*), et le plan 2-3 comme l'ensemble des points (0, *y*, *z*). Par tout point (*x*, *y*, *z*) de l'espace passent trois plans respectivement parallèles aux plans 1-2, 2-3 et 1-3 et rencontrant les trois axes aux points (*x*, 0, 0), (0, *y*, 0) et (0, 0, *z*). Tout triplet (*x*, *y*, *z*) est la somme de trois triplets indiquant un point sur chacun des trois axes, et le point (*x*, *y*, *z*) est le huitième sommet d'un parallélépipède dont un des sommets est l'origine. Dans un système où les trois axes sont perpendiculaires, le cube unité est défini par ses huit sommets : (0, 0, 0), (1, 0, 0), (1, 1, 0), (0, 1, 0), (0, 0, 1), (1, 0, 1), (1, 1, 1) et (0, 1, 1).

C'est à dessein que nous avons employé les mêmes termes d'axes et de coordonnées pour décrire la géométrie bidimensionnelle du plan et celle, tridimensionnelle, de l'espace usuel : cette description commune traduit la relation étroite qui existe entre les deux espaces. A partir de la description d'un objet plan, nous identifions aisément l'objet correspondant dans l'espace. Et l'analogie va au-delà : nous allons nous servir du même langage

Ces étoffes conçues par Joan Erikson et tissées par Mary Schoenbrun utilisent une grille bidimensionnelle pour illustrer les relations entre différentes étapes de la vie, telles qu'elles sont décrites dans les théories du développement de la personnalité d'Erik et Joan Erikson. Chaîne et trame contribuent également au motif dans le premier exemple alors que dans le second, la hauteur de chaque rectangle indique la durée de l'étape.

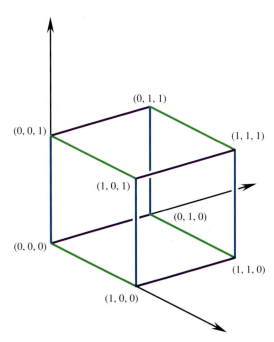

Le cube unité dans un espace de dimension trois muni d'un repère orthonormé.

pour définir un ensemble de quadruplets de nombres, c'est-à-dire un hyper-espace à quatre dimensions.

Dans un tel espace, nous ne pouvons plus nous appuyer sur des constructions concrètes de droites et de plans. Commençons par l'écriture des coordonnées elles-mêmes et interrogeons nous sur la structure de l'espace des quadruplets de réels (x, y, u, v). Forts de l'expérience acquise dans le plan et dans l'espace usuel, nous définissons le premier axe de coordonnées comme l'ensemble des points de la forme $(x, 0, 0, 0)$. De même, l'ensemble des points $(0, y, 0, 0)$ constitue le deuxième axe, l'ensemble des points $(0, 0, u, 0)$, le troisième axe et l'ensemble des points $(0, 0, 0, v)$, le quatrième axe. Le point noté $(0, 0, 0, 0)$, point d'intersection des quatre axes, est nommé origine du système de coordonnées. Comme en dimension deux et trois, nous effectuons la somme de deux quadruplets en ajoutant leurs coordonnées respectives, si bien qu'il est possible d'exprimer tout quadruplet comme la somme de quatre quadruplets associés à des points sur les quatre axes.

Deux axes de coordonnées déterminent un plan de référence – par exemple, le plan 2-3 est l'ensemble des points $(0, y, u, 0)$ – et trois axes déterminent un hyperplan de référence. Par tout point de l'espace de dimension

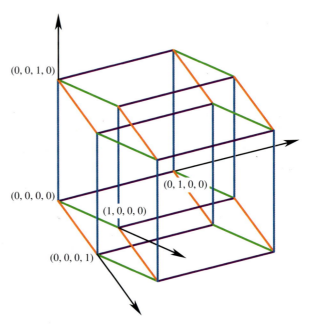

L'hypercube unité dans un espace de dimension quatre muni d'un repère orthonormé.

quatre passent quatre hyperplans parallèles aux quatre hyperplans de référence, et coupant les axes de coordonnées aux points $(x, 0, 0, 0)$, $(0, y, 0, 0)$, $(0, 0, u, 0)$ et $(0, 0, 0, v)$. Étant donnés quatre axes de coordonnées, tout point est défini par un quadruplet (x, y, u, v) et constitue le seizième sommet d'un parallélotope dont un des sommets est l'origine. De cette manière, nous obtenons un système de coordonnées d'un espace de dimension quatre. Dans un système où les axes sont perpendiculaires, nous définissons l'hypercube unité par ses 16 sommets dont les coordonnées sont :

$$(0, 0, 0, 0), (1, 0, 0, 0), (1, 1, 0, 0), (0, 1, 0, 0),$$
$$(0, 0, 1, 0), (1, 0, 1, 0), (1, 1, 1, 0), (0, 1, 1, 0),$$
$$(0, 0, 1, 1), (1, 0, 1, 1), (1, 1, 1, 1), (0, 1, 1, 1),$$
$$(0, 0, 0, 1), (1, 0, 0, 1), (1, 1, 0, 1), (0, 1, 0, 1).$$

Rien ne nous empêche d'étendre cette description abstraite à un espace de dimension cinq, voire de dimension n. En un sens, nous pouvons dire que l'espace de dimension n n'est rien d'autre que l'ensemble des n-uplets de nombres réels, mais nous nous priverions des richesses de la géométrie à n dimensions. Nous comprenons mieux les relations entre des triplets ou des n-uplets de nombres en les représentant dans des espaces de dimensions inférieures tels que le plan ou l'espace de dimension trois.

Distance et théorème de Pythagore généralisé

Un des avantages de la géométrie analytique est que dans un système de coordonnées de dimension quelconque, il y a une formule explicite qui donne la distance entre deux points et que l'on trouve en généralisant le théorème de Pythagore.

Sur un axe, la distance entre deux points est donnée par la valeur absolue de la différence de leurs coordonnées : la distance entre deux points d'abscisse a et b s'écrit $|a - b|$.

Dans un plan, on relie deux points quelconques (a, c) et (b, d) par un segment qui constitue la diagonale d'un rectangle. Les côtés de ce rectangle sont parallèles aux axes et ont pour longueurs $|a - b|$ et $|c - d|$. En appliquant le théorème de Pythagore, nous trouvons que la longueur de la diagonale (et donc la distance entre les deux points) est égale à $\sqrt{(a - b)^2 + (c - d)^2}$. Par exemple, la diagonale joignant les points de coordonnées $(0, 0)$ et $(1, 1)$ du carré unité a pour longueur $\sqrt{2}$.

La généralisation du théorème de Pythagore à la troisième dimension se ramène au calcul de la longueur de la plus grande diagonale d'une boîte rectangulaire. Cette diagonale est l'hypoténuse d'un triangle rectangle dont les deux autres côtés sont une des arêtes de la boîte et la diagonale d'une de ses faces rectangulaires. Nous appliquons le théorème de Pythagore une première fois pour trouver la longueur de la petite diagonale, et une seconde fois pour trouver la longueur de la grande diagonale. La formule résultante, qui s'applique dans l'espace tridimensionnel, est une généralisation directe de celle du plan : au lieu d'extraire la racine carrée de la somme des carrés des deux côtés du rectangle nous effectuons l'opération sur les trois côtés de la boîte rectangulaire.

En termes de géométrie analytique, cela veut dire que la distance entre deux points de coordonnées respectives (a, b, c) et (d, e, f) est égale à la racine carrée de la somme des carrés des différences de leurs coordonnées, c'est-à-dire $\sqrt{(a - d)^2 + (b - e)^2 + (c - f)^2}$. Par exemple, la longueur de la plus grande diagonale du cube unité est égale à la distance entre les points $(0, 0, 0)$ et $(1, 1, 1)$, soit $\sqrt{3}$.

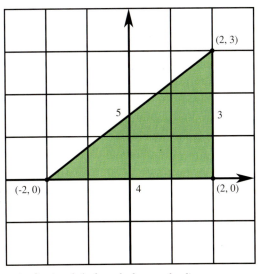

Application de la formule donnant les distances dans le plan.

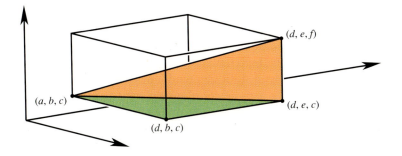

Pour trouver la formule donnant les distances dans l'espace à trois dimensions, nous appliquons deux fois celle qui donne les distances dans le plan : une première fois pour obtenir la longueur de la diagonale d'une des faces du parallélépipède, puis une seconde fois pour obtenir la longueur de l'hypoténuse du triangle rectangle dont les deux autres côtés sont cette diagonale et un côté du parallélépipède rectangle.

La généralisation aux dimensions supérieures de la formule donnant la distance ne pose aucune difficulté : en appliquant le théorème de Pythagore à une série de triangles plans dont les côtés sont les arêtes ou les diagonales d'une hyperboîte, nous obtenons une formule qui exprime la distance entre deux points comme la racine carrée de la somme des carrés des différences de leurs coordonnées. Ainsi la longueur de la plus grande diagonale d'un hypercube unité, c'est-à-dire la distance entre les points de coordonnées $(0, 0, 0, 0)$ et $(1, 1, 1, 1)$, vaut $\sqrt{4} = 2$.

Coordonnées d'un simplexe régulier de dimension n

Nous savons déjà qu'il est possible de représenter les sommets d'un n-cube dans un espace de dimension n en n'utilisant que des 0 et des 1 comme coordonnées. En général, il est plus difficile de donner une description analytique d'un simplexe régulier de dimension n dans un espace de dimension n, encore qu'il y ait des exceptions. Par exemple, nous construisons aisément un simplexe régulier de dimension trois dans un espace de dimension trois en choisissant ses sommets parmi ceux du cube unité, par exemple les points de coordonnées $(0, 0, 0)$, $(1, 1, 0)$, $(0, 1, 1)$ et $(1, 0, 1)$. Ce tétraèdre est régulier, puisque la distance entre deux sommets quelconques vaut $\sqrt{2}$. Les quatre sommets restants du cube, $(1, 0, 0)$, $(0, 1, 0)$, $(0, 0, 1)$ et $(1, 1, 1)$, sont également les sommets d'un tétraèdre régulier. Ces deux tétraèdres s'interpénètrent pour former un polyèdre nommé *stella octangula*, et leur intersection est l'octaèdre dual du cube unité.

La recherche des coordonnées d'un simplexe régulier de dimension deux dans le plan s'avère plus compliquée. Si nous choisissons deux sommets en $(0, 0)$ et $(1, 0)$, alors le troisième est soit en $(1/2, \sqrt{3}/2)$, soit en $(1/2, -\sqrt{3}/2)$: nous obtenons des coordonnées fractionnaires et irrationnelles. Aussi longtemps que nous restons dans le plan, il est impossible d'éviter que des nombres irrationnels apparaissent dans l'expression de certaines coordonnées des sommets d'un triangle équilatéral. Nous obtenons toutefois une solution remarquablement simple en passant en dimension trois et en choisissant trois sommets d'un des tétraèdres réguliers décrits précédemment, par exemple $(1, 0, 0)$, $(0, 1, 0)$ et $(0, 0, 1)$.

Les points dont une coordonnée vaut 1 et toutes les autres 0 ne fournissent pas seulement une solution satisfaisante au problème du choix de coordonnées simples pour un simplexe régulier de dimension deux, mais donnent également une méthode pour résoudre ce problème en dimension quelconque. Pour obtenir une représentation en coordonnées simples des $n + 1$ sommets d'un n-simplexe, il suffit de prendre des points à une unité de distance de l'origine sur les axes de coordonnées dans l'espace de dimension $n + 1$. Nous pouvons également raisonner en termes de coupes, puisque l'ensemble des sommets au voisinage de chaque coin d'un cube de dimension $n + 1$ définit un simplexe régulier de dimension n. Par exemple, si nous

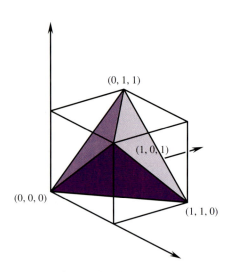

Un tétraèdre régulier dont les sommets sont choisis parmi ceux du cube unité.

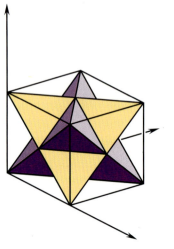

Stella octangula *formée par deux tétraèdres réguliers du cube unité.*

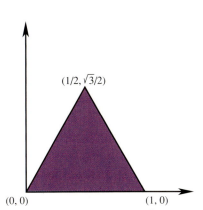

L'une des coordonnées du simplexe régulier de dimension deux dans le plan est irrationnelle.

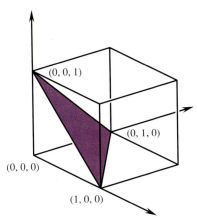

Coordonnées toutes rationnelles du simplexe régulier de dimension deux dans l'espace.

coupons l'hypercube unité par des hyperplans perpendiculaires à la diagonale joignant les points $(0, 0, 0, 0)$ et $(1, 1, 1, 1)$, nous remarquons qu'une des coupes contient les quatre sommets $(1, 0, 0, 0)$, $(0, 1, 0, 0)$, $(0, 0, 1, 0)$ et $(0, 0, 0, 1)$: ce sont les sommets d'un simplexe régulier de dimension trois, puisque la distance séparant deux sommets quelconques est égale à $\sqrt{2}$.

Coordonnées des coupes de l'hypercube

Quand nous avons étudié des objets en dimension trois ou quatre d'un point de vue synthétique, nous avons beaucoup appris sur la structure des cubes et des hypercubes en effectuant une série de coupes perpendiculaires à une grande diagonale. La géométrie analytique donne une vision nouvelle de ces opérations. Ainsi certaines relations géométriques importantes entre les coupes apparaissent déjà dans les rapports entre les coordonnées.

Si nous coupons le cube unité par des plans perpendiculaires à la grande diagonale passant par l'origine, la première coupe ne contient que le point $(0, 0, 0)$. Puis nous obtenons un triangle équilatéral de sommets $(1, 0, 0)$, $(0, 1, 0)$ et $(0, 0, 1)$, la somme des coordonnées de chaque triplet valant 1. Si nous éloignons davantage le plan de coupe de l'origine, nous trouvons ensuite les sommets dont la somme des coordonnées est égale à deux, c'est-à-dire $(0, 0, 1)$, $(1, 0, 1)$ et $(1, 1, 0)$; ces sommets définissent également un triangle équilatéral. Le dernier sommet rencontré est $(1, 1, 1)$, seul sommet du cube dont la somme des coordonnées vaut trois.

Analysons de la même façon l'hypercube unité en dimension quatre. Comme nous le coupons perpendiculairement à la diagonale joignant les points (0, 0, 0, 0) et (1, 1, 1, 1), la première coupe est de nouveau l'origine (0, 0, 0, 0). Puis vient le simplexe de dimension trois, formé par les sommets (1, 0, 0, 0), (0, 1, 0, 0), (0, 0, 1, 0) et (0, 0, 0, 1). La somme des coordonnées de chacun de ces sommets est égale à un. Plus généralement, la somme des coordonnées de chacun des sommets contenus dans un même hyperplan perpendiculaire à cette grande diagonale est un entier compris entre zéro et quatre. Le seul point où cette somme vaut zéro est l'origine et le seul point où elle vaut quatre est le sommet opposé (1, 1, 1, 1). La coupe contenant les sommets dont la somme des coordonnées vaut trois est un simplexe de dimension trois formé par les points (0, 1, 1, 1), (1, 0, 1, 1), (1, 1, 0, 1) et (1, 1, 1, 0). La coupe intermédiaire entre les deux simplexes est une figure très intéressante qui contient les six sommets dont la somme des coordonnées vaut deux, (1, 1, 0, 0), (1, 0, 1, 0), (1, 0, 0, 1), (0, 1, 1, 0), (0, 1, 0, 1) et (0, 0, 1, 1) : il s'agit d'un octaèdre régulier situé à mi-chemin sur la grande diagonale de l'hypercube.

Remarquons que si nous trouvons six sommets de l'hypercube dans la coupe médiane, c'est parce qu'il y a six manières de ranger deux 0 et deux 1. En étudiant ces arrangements de 0 et de 1, nous pouvons prévoir le nombre de sommets de l'hypercube dans chaque coupe. Pour le cube de dimension n dont les coordonnées des sommets sont soit 0, soit 1, la séquence des coupes perpendiculaires à la plus grande diagonale commence par l'origine, dont toutes les coordonnées sont égales à 0, et se termine par le sommet dont toutes les coordonnées sont égales à 1. La coupe contenant les sommets dont la somme des coordonnées vaut k contient $C(n, k)$ points, le nombre de

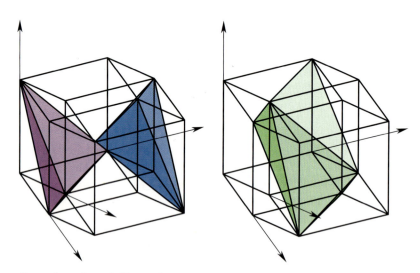

Coupes hyperplanes de l'hypercube unité. Les coupes contenant les sommets pour lesquels la somme des coordonnées vaut un (violet) *ou trois (*bleu*) sont des tétraèdres réguliers (à gauche), alors que la coupe contenant les sommets pour lesquels la somme des coordonnées vaut deux est un octaèdre régulier (en vert, à droite).*

manières de choisir k coordonnées égales à 1 et les $(n - k)$ autres égales à 0. Il en résulte que les nombres de sommets contenus dans les coupes hyperplanes d'un n-cube sont les termes d'une même ligne du triangle de Pascal.

Coordonnées des polyèdres réguliers

Nous venons d'obtenir les coordonnées des sommets d'un octaèdre régulier dans l'espace à quatre dimensions en effectuant la coupe médiane d'un hypercube. Nous obtenons tout aussi facilement une description tridimensionnelle de l'octaèdre en profitant du fait qu'il est le dual du cube : les sommets d'un octaèdre régulier sont les centres des six faces d'un cube. Ayant choisi les coordonnées des sommets du cube, nous en déduisons celles des centres des faces, et donc celles des sommets de l'octaèdre. Dans le paragraphe précédent, nous avons étudié un cube dont les coordonnées des sommets étaient 0 ou 1 mais pour la description du dual, il est préférable de partir d'un cube ayant l'origine comme centre et dont les sommets ont pour coordonnées 1 ou −1. Nous déterminons les faces du cube en fixant une des coordonnées. Par exemple, en fixant la première coordonnée à −1, nous obtenons la face définie par les quatre sommets $(-1, 1, 1)$, $(-1, 1, -1)$, $(-1, -1, 1)$ et $(-1, -1, -1)$ et dont le centre se trouve en $(-1, 0, 0)$. Nous voyons que les centres des faces carrées sont les six points des axes distants de l'origine d'une unité, soit $(\pm 1, 0, 0)$, $(0, \pm 1, 0)$ et $(0, 0, \pm 1)$. Ces points sont les sommets d'un octaèdre régulier d'arête $\sqrt{2}$. En dimension n, la même construction conduit

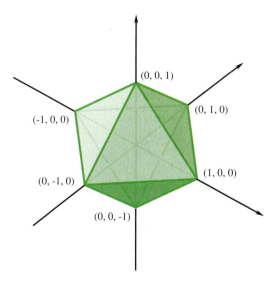

Coordonnées des sommets de l'octaèdre régulier ayant l'origine comme centre.

aux coordonnées des $2n$ sommets du dual du cube de dimension n, à savoir les points des axes situés à une unité de distance de l'origine.

Comment trouver les coordonnées des autres polyèdres réguliers dans l'espace à trois dimensions ? Nous obtenons un ensemble assez satisfaisant de coordonnées pour l'icosaèdre en exploitant ses symétries. Ces coordonnées ne comportent qu'un seul nombre irrationnel, qui possède d'importantes propriétés. Commençons par remarquer qu'à toute arête de l'icosaèdre correspond une arête parallèle sur le côté opposé. Il est possible d'inscrire l'icosaèdre dans une boîte cubique de sorte que ses douze sommets soient sur la surface de ce cube et que les six arêtes contenues dans les faces du cube soient parallèles deux à deux aux trois axes de coordonnées. Notons provisoirement les coordonnées des douze sommets sous la forme $(\pm 1, 0, \pm t)$, $(0, \pm t, \pm 1)$ et $(\pm t, \pm 1, 0)$ où t sera choisi ultérieurement. Pour t quelconque, ces sommets définissent un polyèdre ayant des arêtes de deux sortes : celles contenues dans les faces du cube, de longueur $2t$, et les autres, de longueur $\sqrt{1 + t^2 + (1 - t)^2}$ (d'après le théorème de Pythagore en dimension trois). Pour que l'icosaèdre soit régulier, il faut que toutes ses arêtes soient de même longueur. Satisfaire à cette condition revient à résoudre l'équation algébrique $t^2 + t - 1 = 0$, dont l'unique solution positive est $t = (-1 + \sqrt{5})/2$. Ce nombre important apparaît dans différentes situations où interviennent les notions de croissance ou de forme : c'est le *nombre d'or*, qui est égal au rapport des longueurs d'un côté et d'une diagonale d'un pentagone régulier. Il n'est pas surprenant de le voir associé à l'icosaèdre régulier puisque dans ce polyèdre, la configuration des sommets au voisinage de chaque sommet est pentagonale.

Les fleurs d'un capitule de tournesol s'ordonnent en deux familles de spirales qui suivent des règles très précises de croissance et de forme. On observe 55 spirales tournant dans le sens des aiguilles d'une montre et 34 spirales tournant dans l'autre sens. Le rapport de ces nombres est très proche du nombre d'or.

En donnant des valeurs croissantes au paramètre t, on «ouvre» l'octaèdre (t = 0) en insérant des triangles isocèles le long de ses arêtes. La figure de gauche correspond à t = 0,1. Pour une valeur particulière de t (t = 0,618), ces triangles sont tous équilatéraux et on obtient les coordonnées des sommets d'un icosaèdre régulier (à droite).

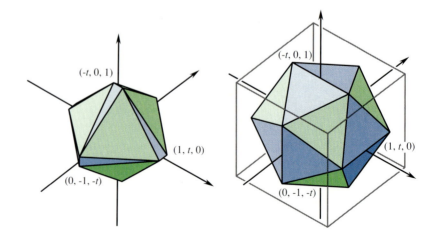

Il est possible d'obtenir un ensemble de coordonnées pour les sommets du dodécaèdre régulier en prenant les centres des faces de l'icosaèdre étudié ci-dessus. Nous obtiendrons toutefois une solution plus directe en tirant parti d'une autre relation concernant le cube. Partons d'une diagonale d'une face pentagonale du dodécaèdre et choisissons deux autres diagonales sur deux faces adjacentes de sorte que ces trois segments de même longueur soient deux à deux perpendiculaires. Si nous continuons cette construction, nous obtenons douze diagonales formant les arêtes d'un cube inscrit dans le dodé-caèdre, chacune des douze faces du dodécaèdre contenant une arête du cube. En choisissant différentes diagonales sur le pentagone initial, nous construi-sons cinq cubes différents dont les côtés représentent les 60 diagonales des faces du dodécaèdre, chacune n'apparaissant qu'une seule fois. Si nous com-mençons par fixer les coordonnées des huit sommets d'un de ces cubes, nous obtenons facilement les coordonnées des douze autres sommets du dodé-caèdre en tirant profit de ses symétries. Ainsi, en plaçant les sommets du cube en $(\pm 1, \pm 1, \pm 1)$, nous trouvons les autres sommets du dodécaèdre en $(\pm t, 0, \pm 1/t)$, $(0, \pm 1/t, \pm t)$ et $(\pm 1/t, \pm t, 0)$ où t est le nombre d'or qui figurait déjà dans les coordonnées de l'icosaèdre.

Coordonnées de polytopes réguliers

Lors de notre recherche de coordonnées pour les polyèdres réguliers, nous avons également trouvé des coordonnées pour les trois polytopes réguliers de l'espace à n dimensions, à savoir le simplexe de dimension n, le cube de dimen-sion n et son dual. Nous avons vu que, pour n supérieur à quatre, ce sont les

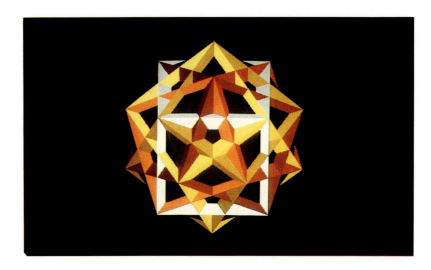

Un dodécaèdre régulier contient cinq cubes dont les arêtes sont les diagonales de ses faces.

seules figures régulières possibles, alors que pour $n = 4$ il en existe trois autres, formées de 24, 120 et 600 cellules (voir le chapitre cinq). Une façon de démontrer l'existence de ces derniers est de trouver les coordonnées de leurs sommets.

Le polytope auto-dual à 24 cellules, limité par des «faces» octaédriques, est le plus facile à décrire analytiquement ; la méthode employée rappelle celle qui a servi à trouver les figures duales, mais au lieu de choisir des points au centre des «faces» de dimension maximale, nous choisissons les milieux des arêtes ou les centres des carrés. Ce procédé conduit toujours à une figure très riche en symétries mais donne généralement des cellules de différentes formes. Ainsi les milieux des douze arêtes d'un cube ordinaire sont les sommets d'un cuboctaèdre, figure qui possède huit faces triangulaires et six faces carrées. Il est donc surprenant que les centres des 24 carrés contenus dans un hypercube soient les sommets d'un polytope régulier de l'espace à quatre dimensions, le polytope à 24 cellules auto-dual. Si les coordonnées des sommets de l'hypercube sont toutes égales à 1 ou à −1, alors celles des sommets d'un carré quelconque de l'hypercube s'obtiennent en fixant deux coordonnées, les deux autres étant égales à 1 ou à −1. Par exemple, l'un des carrés a pour sommets (±1, ±1, 1, 1) et a pour centre (0, 0, 1, 1). Les centres de tous les carrés se regroupent en six familles de coordonnées (±1, ±1, 0, 0), (±1, 0, ±1, 0), (±1, 0, 0, ±1), (0, ±1, ±1, 0), (0, ±1, 0, ±1), (0, 0, ±1, ±1). Nous obtenons les coordonnées des sommets de huit des 24 octaèdres du polytope à 24 cases en fixant une des coordonnées à 1 ou à −1, par exemple : (±1, 0, 0, 1), (0, ±1, 0, 1) et (0, 0, ±1, 1). Les 16 autres octaèdres sont obtenus en choisissant un sommet de l'hypercube et en remplaçant deux coordonnées par 0 de six manières possibles ; par exemple, à partir du sommet

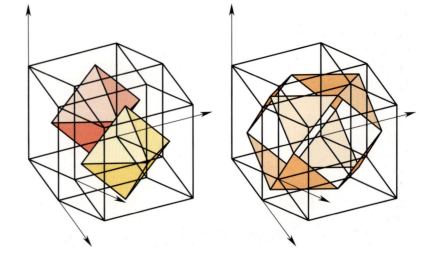

En prenant les centres des 24 carrés d'un hypercube dont les coordonnées valent 1 ou −1, on obtient les sommets d'un polytope auto-dual à 24 cellules centré sur l'origine. Si l'on coupe ce polytope en choisissant la quatrième coordonnée égale à 1 ou à −1, on obtient des octaèdres (à gauche) ; si l'on donne la valeur 0 à la quatrième coordonnée, la coupe contient douze sommets qui sont ceux d'un cuboctaèdre (à droite).

$(1, -1, -1, 1)$, nous trouvons les sommets $(1, -1, 0, 0)$, $(1, 0, -1, 0)$, $(1, 0, 0, 1)$, $(0, 0, -1, 1)$, $(0, -1, 0, 1)$ et $(0, -1, -1, 0)$.

En exploitant méthodiquement leurs symétries, il est possible de trouver les coordonnées des 600 sommets du polytope à 120 cellules et des 120 sommets du polytope à 600 cellules. Nous pouvons programmer un ordinateur afin qu'il représente ces polytopes dans le plan ou qu'il crée une séquence animée de vues tridimensionnelles. C'est tout un art que de choisir les coordonnées afin d'obtenir le maximum d'information visuelle. Certains thèmes mathématiques sous-jacents à cet art sont exposés dans plusieurs ouvrages du géomètre canadien H. Coxeter, un des précurseurs de la théorie des polyèdres et des polytopes. Il écrivit son premier article en 1923, à l'âge de 16 ans !

Les nombres complexes : des nombres à deux dimensions

Jusqu'à présent nous avons considéré des couples, des triplets et des n-uplets de réels, en commençant par les points de l'axe unidimensionnel des nombres réels. Bien que ceux-ci suffisent dans la plupart des cas en algèbre et en géométrie, ils ne permettent pas de résoudre certaines équations pourtant très simples. Par exemple, il n'y a pas de réel vérifiant l'équation $x^2 = -1$ puisque le carré d'un réel n'est jamais négatif. Afin de construire un ensemble de nombres plus grand où cette équation aurait une solution, les mathématiciens ont introduit un nouveau nombre i, tel que $i^2 = -1$.

Les mathématiciens voulaient garder la possibilité d'additionner les nombres et de les multiplier par des réels, aussi définirent-ils cette extension comme l'ensemble des nombres de la forme $x + yi$, où x et y sont réels ; ces nombres furent nommés *nombres complexes*.

A chaque nombre complexe $x + yi$ est associé un couple (x, y) donnant les coordonnées d'un point du plan : l'ensemble des nombres complexes est à deux dimensions. Les nombres x et y sont nommés la partie réelle et la partie imaginaire du nombre complexe $x + yi$. Comme nous savons déjà additionner des couples de nombres et les multiplier par un facteur réel, nous sommes en mesure d'écrire les règles de l'addition des nombres complexes et de leur multiplication par un nombre réel. La somme de $x + yi$ et de $u + vi$ est $(x + u) + (y + v)i$, et le produit de $x + yi$ par le nombre réel c est $cx + cyi$.

Nous pouvons également définir la multiplication d'un nombre réel par un autre. Le produit de deux nombres complexes s'écrit :

$$(x + yi)\,(u + vi) = (xu + yui + xvi + yvi^2) = (xu - yv) + (yu + xv)i.$$

Nous voyons que le produit de deux nombres complexes est également un nombre complexe. Pour tout $x + yi$ différent de zéro, il existe un autre nombre complexe $u + vi$ tel que $(x + yi)(u + vi) = 1$ et qui s'écrit $u + vi = x/(x^2 + y^2) - yi/(x^2 + y^2)$. Comme l'illustrent ces exemples, les nombres complexes partagent de nombreuses propriétés avec les nombres réels. En un sens,

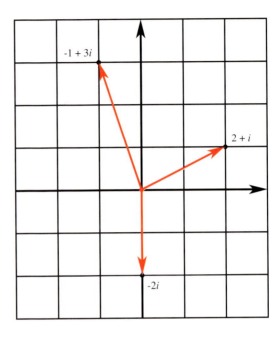

Nombres complexes représentés par des points du plan.

nous pouvons considérer les nombres complexes comme un ensemble de couples de nombres réels muni de l'addition usuelle et d'une règle de multiplication particulière : $(x,y)(u,v) = (xu - yv, xv + yu)$. La justification de cette règle est que de nombreuses propriétés algébriques remarquables des nombres réels sont ainsi conservées. Par exemple, $(x,y)(1,0) = (x,y)$ et le couple $(1,0)$ est donc l'élément neutre pour la multiplication. Par contre, nous avons un autre élément remarquable, $(0, 1)$, tel que $(0, 1)(0, 1) = (-1, 0)$. Il existe donc un nombre dont le carré est l'opposé de l'unité, ce qui est la caractéristique fondamentale de l'ensemble des nombres complexes. L'aspect le plus remarquable de cette construction est que nous pouvons relier les propriétés algébriques des nombres complexes aux propriétés géométriques du plan. Cette connexion entre l'algèbre et la géométrie explique la richesse de la structure de l'ensemble des nombres complexes et le nombre étonnamment élevé de ses applications dans les sciences et les techniques.

Une des plus puissantes techniques de la géométrie analytique élémentaire est la représentation graphique de fonctions d'une variable réelle sur une grille bidimensionnelle. Par exemple, le graphe de la fonction $u = x^2$ dans le plan est l'ensemble des points (x, x^2) : c'est une parabole, symétrique par rapport à l'axe vertical des ordonnées et passant par l'origine. Cette représentation révèle la symétrie de la fonction étudiée, ainsi que son minimum (ou ses minima).

Comment représenter les fonctions complexes d'une variable complexe ? Nous pouvons écrire comme précédemment l'équation $w = z^2$, où w et z sont

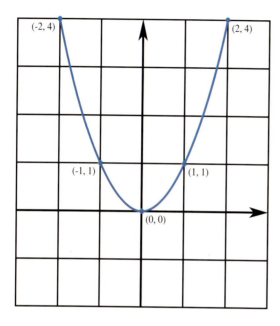

Le graphe de la fonction u = x² sur une grille bidimensionnelle est une parabole.

des nombres complexes. Cette fonction s'analyse très bien algébriquement, mais comment la représenter graphiquement ? La dimension du problème exclut un graphe sur papier. La description d'un seul nombre complexe requiert déjà deux nombres réels, ses parties réelle et imaginaire. Nous devons reporter deux coordonnées réelles pour z et deux autres pour w. Le graphe aura donc quatre dimensions réelles, deux pour l'ensemble de définition et deux pour l'ensemble d'arrivée : il s'agit d'une surface bidimensionnelle dans l'espace de dimension quatre. Pour étudier un tel objet d'un point de vue géométrique, nous pouvons utiliser les techniques qui ont déjà servi à l'étude de l'hypercube et des autres figures de l'espace de dimension quatre.

Au siècle dernier, des mathématiciens construisirent des modèles en plâtre représentant des projections de tels graphes dans l'espace de dimension trois, mais il était difficile d'imaginer que ces diverses figures se rapportassent à un même objet de l'espace de dimension quatre. Le succès de cette approche vint beaucoup plus tard, avec le développement des ordinateurs. Certains ordinateurs peuvent manipuler des surfaces pleines dans l'espace de dimension quatre aussi vite qu'en trois dimensions. Nous découvrons des séquences d'images tridimensionnelles du graphe d'une fonction complexe en commandant à l'ordinateur de le faire tourner dans l'espace de dimension quatre et de le projeter dans notre espace usuel.

Nous allons illustrer par un exemple simple la manière dont l'ordinateur traite les fonctions complexes. Nous avons déjà étudié le cas de la parabole qui est, dans le plan, le graphe de la fonction réelle $u = x^2$. Si nous remplaçons ces variables réelles par des variables complexes, nous pouvons exprimer la relation $w = z^2$, où $z = x + yi$ et $w = u + vi$, à l'aide des coordonnées réelles x, y, u et v. Les règles usuelles de l'algèbre conduisent aux égalités :

$$z^2 = (x + yi)^2 = x^2 + 2xyi + (yi)^2$$
$$z^2 = x^2 - y^2 + 2xyi$$
$$z^2 = u + vi$$

Nous en déduisons que $u = x^2 - y^2$ et $v = 2xy$. L'analogue à quatre dimensions de la parabole dans le plan est l'ensemble de points (z, z^2), mais ici chaque coordonnée est déterminée par deux nombres réels, soit un total de quatre coordonnées réelles. Nous rassemblons les parties réelles et imaginaires de z et de z^2 dans un quadruplet $(x, y, x^2 - y^2, 2xy)$, l'ensemble des points définis par ces quadruplets dans l'espace de dimension quatre étant le graphe de la fonction complexe.

A partir d'un point quelconque (x, y) du plan, nous déterminons les deux autres coordonnées du point-image. Nous savons désormais que pour représenter un ensemble de points d'un espace de dimension quatre, il suffit d'en effectuer une projection dans un plan ou dans un hyperplan. Le même programme qui a servi à créer les images animées d'un hypercube en rotation permet également de projeter le graphe de la fonction complexe depuis l'espace de dimension quatre. Si nous le projetons dans l'hyperplan défini par les trois premières coordonnées, nous obtenons l'ensemble des triplets $(x, y, x^2 - y^2)$, graphe d'une fonction de deux variables réelles. Il s'agit d'un paraboloïde hyperbolique. La projection hyperplane selon les première,

A gauche : *le graphe de la partie réelle de la parabole complexe, projection de l'espace à quatre dimensions dans l'espace à trois dimensions.*
A droite : *le graphe de la partie imaginaire de la fonction racine carrée.*

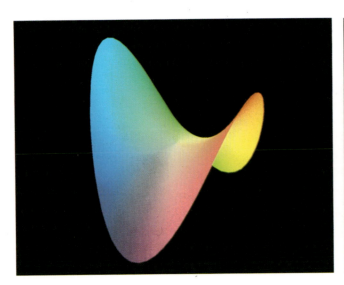
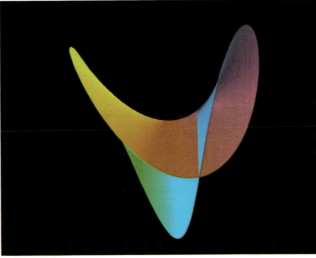

deuxième et quatrième coordonnées donne l'ensemble des triplets de la forme $(x, y, 2xy)$, et ce graphe est un paraboloïde hyperbolique pivoté.

Une figure encore plus intéressante apparaît quand nous projetons dans l'hyperplan défini par les trois dernières coordonnées. Nous obtenons l'ensemble des triplets $(y, x^2 - y^2, 2xy)$, qui est la partie imaginaire de la fonction racine carrée. Cette surface est très différente d'un paraboloïde hyperbolique et possède un point singulier à l'origine. Elle se coupe elle-même selon l'un des axes de coordonnées, formant une ligne de points doubles qui se termine par un «point de pincement» à l'origine. Cet exemple pose un problème de représentation parmi les plus difficiles qu'aient à résoudre les ordinateurs graphiques, et donne certaines des images les plus intéressantes dérivées de l'espace à quatre dimensions.

Des nombres quadridimensionnels : les quaternions

L'invention des nombres complexes suscita tout d'abord la méfiance. Quelle interprétation donner de tels nombres «imaginaires» ? Cette période de scepticisme fut brève, car mathématiciens et scientifiques découvrirent bientôt un nombre extraordinaire d'applications. On s'aperçut qu'ils étaient parfaitement adaptés à la description des courants en hydrodynamique et en électricité. Ces nombres à deux dimensions ont désormais amplement justifié leur existence !

Il y a une centaine d'années, Sir William Hamilton inventa un corps de nombres de dimension encore supérieure : *les quaternions*, des nombres de dimension quatre. L'addition des quaternions correspond à l'addition de

A gauche : *le graphe de la partie réelle de la fonction $w = z^3$, projection de l'espace à quatre dimensions dans l'espace à trois dimensions.*
A droite : *le graphe de la partie imaginaire de la fonction racine cubique.*

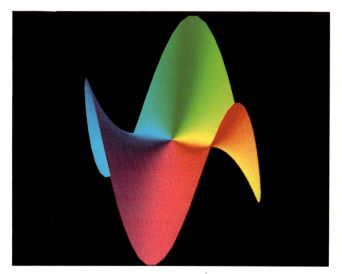

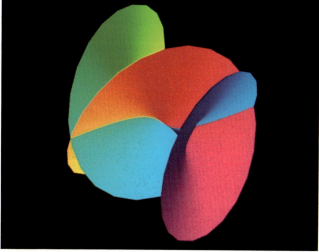

quadruplets de réels, mais leur multiplication est une combinaison compliquée de différentes formules issues du calcul vectoriel. On définit cette multiplication par l'égalité suivante :

$$(a, b, c, d)(x, y, u, v) =$$
$$(ax - by - cu - dv, ay + bx + cv - du, au - bv + cx + dy, av + bu - cy + du)$$

Comme dans le cas des nombres complexes, il y a un élément neutre $(1, 0, 0, 0)$, et à tout quaternion (a, b, c, d) autre que $(0, 0, 0, 0)$ nous pouvons associer un quaternion (x, y, u, v) tel que :

$$(a, b, c, d)(x, y, u, v) = (1, 0, 0, 0)$$

Là encore, on se demanda si de tels nombres auraient un jour des applications. Nous en avons déjà présenté une : ce sont des quaternions qui ont servi à décrire les orbites des mouvements d'un couple de pendules. En outre, on s'est aperçu récemment qu'ils constituaient l'un des moyens les plus efficaces pour transmettre à un ordinateur des informations concernant des rotations. Ainsi certaines constructions algébriques parmi les plus abstraites sont représentables par des phénomènes géométriques.

Coordonnées pour les cercles et les sphères

Jusqu'ici, nous n'avons pas utilisé d'expressions trigonométriques dans nos descriptions d'objets géométriques. En géométrie analytique, elles sont extrêmement utiles pour décrire des points sur des cercles, des sphères ou des hypersphères. Dans le plan, le cercle unité est l'ensemble des points (x, y) dont la distance à l'origine est égale à 1. D'après le théorème de Pythagore, on exprime cette condition algébriquement par la relation : $x^2 + y^2 = 1$. De même, dans l'espace, la sphère unité est l'ensemble des points distants d'une unité de l'origine, c'est-à-dire l'ensemble des points (x, y, u) tels que $x^2 + y^2 + u^2 = 1$. En dimension quatre, l'hypersphère unité est l'ensemble des points de coordonnées (x, y, u, v) telles que $x^2 + y^2 + u^2 + v^2 = 1$.

Pour décrire les coordonnées des points du cercle unité, les mathématiciens inventèrent deux fonctions, le sinus et le cosinus. Elles décrivent la position d'un point du cercle que l'on rejoint en partant du point $(1, 0)$ et en tournant dans le sens inverse des aiguilles d'une montre (le sens trigonométrique). Si t désigne l'angle balayé, les coordonnées du point sont $(\cos(t), \sin(t))$.

A partir de ces coordonnées circulaires, nous déduisons les coordonnées géographiques des points de la sphère unité dans l'espace de dimension trois. Plus précisément, le point de longitude t et de latitude s a pour coordonnées $(\cos(t)\cos(s), \sin(t)\cos(s), \sin(s))$. Il est facile de vérifier que la somme des carrés de ces coordonnées vaut 1, propriété définissant la sphère unité.

De manière similaire, nous décrivons les points de l'hypersphère unité en utilisant trois coordonnées angulaires t, s, r, conduisant au quadruplet $(\cos(t)\cos(s)\cos(r), \sin(t)\cos(s)\cos(r), \sin(s)\cos(r), \sin(r))$. En utilisant les mêmes coordonnées, nous trouvons une forme plus symétrique : le quadruplet $(\cos(t)\cos(s), \sin(t)\cos(s), \cos(r)\sin(s), \sin(r)\sin(s))$. Dans ces deux cas, nous pouvons vérifier que la somme des carrés des coordonnées vaut bien 1, et que ces coordonnées décrivent effectivement les points de l'hypersphère unité. Si nous fixons la valeur de s dans le second système de coordonnées, nous obtenons un cercle de cercles. En choisissant s égal à 45 degrés, nous obtenons le tore de Clifford, défini par la formule simple suivante :

$$(1/\sqrt{2})(\cos(t), \sin(t), \cos(r), \sin(r))$$

Nous définissons ainsi une famille de surfaces toriques contenues dans l'hypersphère, qui sont précisément les surfaces apparues dans l'étude de la projection stéréographique et dans l'analyse des orbites des systèmes dynamiques. Les orbites d'un couple de pendules synchronisés sont données par :

$$(\cos(t)\cos(s), \sin(t)\cos(s), \cos(t+c)\sin(s), \sin(t+c)\sin(s))$$

pour s et c fixés. Il est remarquable qu'un ordinateur parte d'équations aussi simples pour réaliser des images d'une telle richesse.

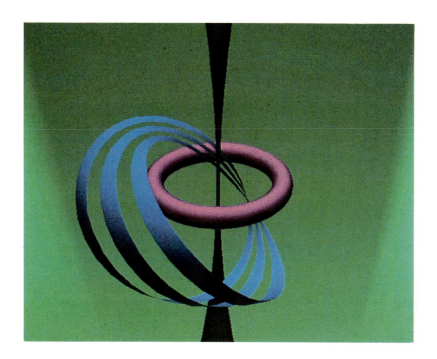

Ces bandes torsadées liées ensemble décrivent les orbites d'un système de pendules, représentées sur une sphère de l'espace de dimension quatre.

9 | Géométries non euclidiennes et surfaces non orientables

Au milieu du dix-neuvième siècle, les mathématiciens comprirent que différents types de géométries étaient possibles, des géométries qui ne reposent pas sur les axiomes choisis par Euclide pour fonder sa géométrie du plan et de l'espace. L'idée qu'il puisse exister des géométries de dimensions supérieures troublait les philosophes partisans d'une conception «réaliste» de la géométrie, mais ils étaient encore plus ennuyés par l'existence éventuelle de géométries différentes en dimension deux. Il était bien connu que la géométrie de surfaces telles que la sphère ne ressemblait pas à celle du plan, mais la géométrie bidimensionnelle d'un fragment de surface sphérique était-elle radicalement différente, comme certains mathématiciens le prétendaient ? Et que pouvait signifier l'existence de différents types de géométries ? Pour expliquer leurs idées, les mathématiciens qui avaient proposé ces nouvelles théories eurent recours à une technique ayant déjà fait ses preuves, l'analogie, et demandèrent même aux gens de s'identifier à une créature bidimensionnelle contrainte de se déplacer sur une surface courbe. La visualisation des dimensions était nécessaire pour se familiariser avec ces nouvelles géométries controversées.

Cette sculpture en verre représente une version tridimensionnelle d'une célèbre surface non orientable, la bouteille de Klein.

La première page de la première édition imprimée des Éléments *d'Euclide, publiée en 1482.*

Les axiomes de la géométrie plane d'Euclide

Pendant plus de deux mille ans, on a cru qu'une seule géométrie était possible, et on a accepté l'idée qu'elle décrivait la réalité. Une des plus grandes réussites des Grecs fut d'établir ces règles de la géométrie plane. Leur système comportait un ensemble de termes indéfinis tels que point et droite, et cinq axiomes à partir desquels on pouvait déduire toutes les autres propriétés par les règles de la logique formelle. Quatre de ces axiomes avaient une telle évidence qu'il eût été impensable de qualifier de géométrie un système qui ne les aurait pas satisfaits :

1. Par deux points quelconques passe une droite.
2. Tout segment de droite peut être indéfiniment prolongé.
3. On peut tracer un cercle de rayon quelconque en prenant comme centre un point quelconque.
4. Tous les angles droits sont égaux.

En revanche, le cinquième axiome était d'une tout autre nature :

5. Étant données deux droites d'un plan que coupe une autre droite, si la somme des angles intérieurs d'un même côté de cette dernière droite est inférieure à deux angles droits, alors en prolongeant suffisamment de ce côté de la sécante les deux premières droites, celles-ci se couperont.

Cet axiome, beaucoup plus compliqué que les précédents, ressemblait plus à un théorème qu'à une proposition évidente par elle-même. Comme toutes les tentatives pour le déduire des quatre premiers axiomes avaient échoué, Euclide dut l'inclure dans sa liste d'axiomes, car il savait qu'il en aurait besoin. Un tel axiome est par exemple nécessaire à la démonstration d'un des plus célèbres théorèmes d'Euclide, celui qui énonce que la somme des angles d'un triangle vaut 180 degrés. Les mathématiciens découvrirent d'autres formulations plus simples de cet axiome, par exemple :

5'. Une droite et un point n'appartenant pas à cette droite étant donnés, il passe par ce point une et une seule droite ne rencontrant pas la droite donnée.

Cette version du cinquième axiome devint célèbre sous le nom de postulat de la parallèle. Bien qu'il soit plus facile à comprendre que la formulation initiale d'Euclide, on ne réussit pas davantage à le déduire des quatre premiers axiomes. Les tentatives de déduction continuèrent jusqu'au dix-neuvième siècle, quand on prouva que le cinquième axiome ne découlait pas des quatre premiers.

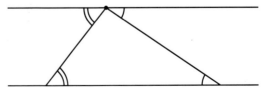

Comme il passe par le sommet d'un triangle une droite unique ne rencontrant pas la droite portant le côté opposé, on utilise l'égalité des angles intérieurs que forment ces deux parallèles avec les côtés du triangle pour montrer que la somme des angles d'un triangle est égale à un angle plat, soit 180 degrés.

En présentant la géométrie sous la forme d'un système d'axiomes, on faisait l'économie de longues listes de faits indépendants concernant la nature de l'univers : il suffisait de connaître un petit nombre d'axiomes pour retrouver, par une série d'inférences logiques, l'ensemble des lois géométriques.

Il n'y a pas de doute que les Grecs tentaient de décrire le monde réel lorsqu'ils formulèrent leur géométrie, même s'ils croyaient à un monde des idées existant de façon abstraite «dans l'esprit de Dieu». Aujourd'hui encore, de nombreux mathématiciens pensent que l'ensemble des relations mathématiques forme une entité qui existe en soi, et que les êtres humains ne découvrent que petit à petit en travaillant à percer ses mystères. Même si les artisans des premiers systèmes d'axiomes employaient «point» et «droite» comme des termes indéfinis, ils les associaient à l'évidence à des objets réels et pensaient que les systèmes qu'ils construisaient étaient des descriptions de plus en plus élaborées et précises du monde réel. Par ailleurs, les progrès de l'algèbre n'étant pas fondés de la sorte, les changements de point de vue dans ce domaine s'imposèrent plus facilement que dans le champ très traditionnel de la géométrie.

L'algèbre non commutative

Pour les réalistes, en particulier les continuateurs de l'influent philosophe Emmanuel Kant, l'essence même de la géométrie était la description de l'expérience. Ils ne pouvaient admettre qu'un nouveau système de propositions méritât le nom de géométrie. En revanche, les émules de Kant ne firent aucune objection quand les formules d'algèbre semblèrent s'éloigner de la description de la réalité. Il est vrai que de nombreuses relations algébriques familières tirent leur origine de problèmes bien réels de géométrie, d'économie ou de physique. Les paraboles étaient déjà connues comme sections coniques et comme trajectoires balistiques, et l'on traçait sans difficultés le graphe correspondant à l'équation simple de la parabole grâce aux techniques de la géométrie analytique. Des formules donnant les volumes, on tira des équations de degré trois que l'on pouvait également représenter et analyser sans peine. Il n'était pas beaucoup plus difficile d'appliquer les mêmes techniques à des polynômes de degré quatre, cinq ou plus. Peu objectèrent que, dépourvue d'une interprétation géométrique immédiate, cette mathématique n'était plus de l'algèbre.

Il y eut toutefois quelque résistance à l'innovation algébrique lorsqu'on proposa pour la première fois une opération algébrique non commutative. Jusqu'alors, les mathématiciens avaient écrit des systèmes axiomatiques décrivant l'algèbre ordinaire des nombres réels. Parmi les règles formelles relatives à l'addition et à la multiplication, deux d'entre elles précisaient que l'ordre des nombres utilisés n'avait aucune importance : la somme de a et b est égale à celle de b et a, et il en va de même pour le produit. Par la suite, les mathématiciens s'aperçurent que les règles opératoires d'autres types de systèmes satisfaisaient à la plupart des axiomes de l'algèbre ordinaire, si bien que ces

Emmanuel Kant fut le plus important des philosophes qui défendirent une conception réaliste de la géométrie.

systèmes se comportaient dans une large mesure comme les nombres. Un exemple important est l'ensemble des isométries d'un carré. En faisant tourner un carré d'un quart de tour dans le sens inverse des aiguilles d'une montre, nous permutons tous ses sommets. Si nous recommençons en tournant d'un demi tour, le carré aura tourné de trois quarts de tour. L'ordre dans lequel nous effectuons ces rotations n'a pas d'importance : l'ensemble des rotations du carré forme un système commutatif.

Toutefois l'ensemble des rotations et des symétries du carré n'est pas un système commutatif. La symétrie axiale par rapport à une diagonale conserve deux sommets et échange les deux autres et la symétrie axiale par rapport à une médiane échange les sommets deux à deux. Nous pouvons combiner ces symétries entre elles, ou avec des rotations, mais l'ordre dans lequel nous opérons n'est plus indifférent. Si nous effectuons une symétrie par rapport à une diagonale suivie d'une rotation d'un quart de tour, le résultat est celui d'une symétrie par rapport à l'une des médianes. En revanche, si nous effectuons d'abord la rotation puis la symétrie par rapport à la diagonale, cela revient à effectuer une symétrie par rapport à l'autre médiane. Bien que l'ensemble des symétries et des rotations ne soit pas commutatif, il s'agit bien d'une algèbre, mais une algèbre non commutative. La plupart des axiomes régissant l'arithmétique y sont vérifiés, mais pas la totalité. L'algèbre des quaternions mentionnée à la fin du chapitre précédent constitue un autre système non commutatif. Si l'algèbre non commutative fut acceptée assez facilement, pourquoi admît-on si difficilement une autre géométrie, satisfaisant à certains des axiomes d'Euclide mais pas à tous ?

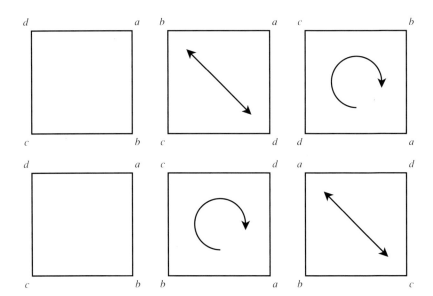

La symétrie d'un carré par rapport à l'une de ses diagonales suivie d'une rotation d'un quart de tour (en haut) ne donnent pas le même résultat que ces mêmes opérations effectuées dans l'ordre inverse (en bas).

En fait, les deux situations étaient différentes, car beaucoup de mathématiciens doutaient que les axiomes de la géométrie soient indépendants. Ils avaient admis que la propriété de commutativité de l'algèbre n'est pas déductible des autres axiomes puisqu'ils avaient l'exemple d'un système cohérent satisfaisant à toutes ces conditions, sauf à la commutativité. Concernant la géométrie, beaucoup pensaient que la démonstration du cinquième axiome à partir des quatre premiers n'était qu'une question de temps. A leur grande surprise, ce fut l'inverse qui se produisit : des mathématiciens élaborèrent des systèmes ressemblant à la géométrie en ce qu'ils satisfaisaient aux quatre premiers axiomes d'Euclide, mais où le cinquième axiome n'était pas vérifié. Personne n'avait imaginé qu'on pût découvrir des géométries où la somme des angles d'un triangle soit différente de 180 degrés, et de telles géométries firent leur apparition.

Développement des géométries non euclidiennes

Le plus grand génie mathématique depuis l'époque de Newton fut Karl Friedrich Gauss. Il bouleversa de nombreux domaines des mathématiques, notamment la théorie des nombres, l'algèbre et l'analyse, ainsi que la géométrie. Très jeune, il inventa une construction du polygone régulier à 17 côtés à l'aide des outils euclidiens traditionnels, la règle et le compas. Ses contributions les plus importantes à la géométrie provinrent de son analyse des surfaces. Ces travaux jouèrent un rôle essentiel dans la compréhension des géométries non euclidiennes.

Karl Friedrich Gauss, l'un des plus grands mathématiciens des temps modernes, bouleversa la géométrie de son époque.

Gauss était un expert en géodésie, cartographiant de grandes parties de l'Europe, et il était également astronome. Son travail «terrestre» consistait à trianguler des régions, c'est-à-dire à les diviser en parcelles limitées par trois géodésiques, les lignes représentant le plus court chemin entre deux points d'une surface (des arcs de grands cercles dans le cas de la sphère). En astronomie, il utilisa également des triangles pour estimer des distances, mais cette fois les lignes de plus court chemin étaient les trajectoires des rayons lumineux. En 1825 puis en 1827, Gauss combina ses découvertes dans ces deux domaines et conçut deux manières d'organiser les informations sur les surfaces, nommées intrinsèque et extrinsèque.

Afin d'expliquer la nature de ces deux approches, Gauss proposa une analogie dimensionnelle : il demanda à ses lecteurs d'imaginer le type de géométrie qu'élaboreraient des vers plats, des créatures bidimensionnelles glissant sur une surface. Bien que nous, êtres tridimensionnels, soyons contraints par la gravité à passer la majeure partie de notre vie à la surface de la Terre, nous nous affranchissons de cette limitation de temps à autre en nous enfonçant sous la terre ou bien en sautant pour éviter des obstacles. Au contraire, un ver plat, incapable de se mouvoir vers le haut ou vers le bas pour quitter la surface, est condamné à une existence bidimensionnelle. Comment un ver plat intelligent décrirait-il la géométrie de son univers ? Si la surface était un plan, comme dans *Flatland*, les habitants utiliseraient la géométrie plane ordinaire et ils trouveraient que la somme des angles d'un triangle quelconque vaut 180 degrés. Mais s'ils vivaient sur une très grande sphère, si grande que sa courbure ne leur serait pas perceptible ? En mesurant un petit triangle, ces créatures constateraient que la somme des angles est proche de 180 degrés, mais le résultat serait tout autre pour de grands triangles. La géométrie élaborée par les vers plats serait la géométrie *intrinsèque* de leur surface-monde, qui ne dépend que des mesures réalisées sur cette surface.

Au contraire, la géométrie *extrinsèque* d'une surface dépend de sa configuration dans l'espace ; c'est la géométrie que nous découvririons en regardant «du haut» le monde des vers plats. Guidé par ses recherches en astronomie, Gauss ramena la géométrie d'une surface à l'ensemble des directions sur la sphère céleste. En chaque point d'une surface lisse, il existe un plan de meilleure approximation : le plan tangent. A chaque point d'une telle surface, Gauss fit correspondre un point de la sphère unité tel que les plans tangents aux deux surfaces en ces points soient parallèles. Gauss définit ainsi ce qu'il nomma la représentation sphérique d'une surface, un des moyens les plus efficaces pour en étudier la courbure dans l'espace.

Les plus surprenants et les plus puissants des théorèmes de Gauss sont ceux qui relient les géométries intrinsèque et extrinsèque d'une surface. Il découvrit qu'on pouvait déterminer la courbure extrinsèque liée à la représentation de Gauss sans sortir du cadre de la géométrie intrinsèque, en effectuant simplement des mesures sur la surface. Le ver plat arpenteur obtiendrait ainsi des informations cruciales sur la forme de son univers sans avoir à le quitter. Comme nous, il attribuerait une longueur à tout chemin et défini-rait la distance entre deux points comme la plus petite des longueurs de tous les chemins qui les joignent. De même que nous mesurons l'angle de deux rayons lumineux, il mesurerait l'angle formé par deux géodésiques issues d'un même point et calculerait la somme des angles d'un triangle. Toutefois le résultat obtenu par le ver serait différent du nôtre. Si nous considérons trois points de son univers, nous pouvons prendre des raccourcis dans l'espace en les joignant par des segments de droite, et la somme des angles du triangle ainsi obtenu vaudra 180 degrés. De son côté, le ver plat affirmerait que cette somme n'est pas constante et qu'elle dépend de la taille du triangle.

Considérons le cas particulier d'un ver confiné à la surface d'une sphère. Supposons qu'il y construise un grand triangle en allant du pôle nord jusqu'à l'équateur, puis en parcourant un quart de l'équateur et enfin en revenant au pôle nord. Chacun des angles de ce triangle vaut 90 degrés. De notre côté, nous avons la possibilité de quitter la surface de la sphère et de joindre ces mêmes points dans l'espace ; nous formons ainsi un triangle équilatéral dont chacun des angles vaut 60 degrés.

L'étude géométrique de la sphère a une longue histoire, mais elle fut considérée dans l'ensemble comme un thème anecdotique en géométrie dans l'espace. On mentionnait les arcs de grands cercles et on savait même qu'ils représentaient les lignes de plus court chemin à la surface du globe, mais on ne les concevait pas comme les analogues sur la sphère des segments de droites en géométrie plane. Parmi les savants de l'antiquité, Ptolémée savait

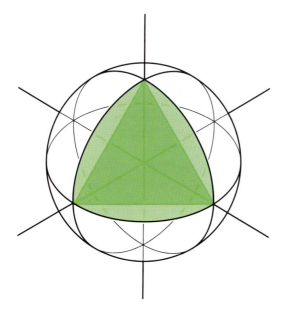

Ce triangle sphérique, limité par des arcs de grands cercles, possède trois angles droits, alors que le triangle plan tracé à partir des mêmes sommets a des angles de 60 degrés.

que les trois arcs de grands cercles d'un triangle sphérique forment des angles dont la somme dépasse 180 degrés, et il réussit à prouver que cette somme croît avec l'aire du triangle. En choisissant des unités adéquates, on explicite cette relation : la surface d'un triangle sphérique est proportionnelle à la différence entre la somme de ses angles et 180 degrés. Pourquoi Ptolémée ne comprit-il pas qu'il s'agissait là d'un exemple de géométrie non euclidienne, où l'important théorème euclidien sur la somme des angles d'un triangle n'est pas vérifié ? La réponse est qu'il ne concevait pas les relations entre les points d'une sphère et les arcs de grands cercles comme une *géométrie*. Pour mériter ce titre, un système devait avoir des éléments correspondants aux points et aux droites tels que les quatre premiers axiomes d'Euclide soient vérifiés. Le système formé par les points d'une sphère et les arcs de grands cercles, assimilés aux droites du plan, satisfait au troisième et au quatrième axiomes, et même au deuxième si nous l'interprétons convenablement, mais pas au premier. Bien que deux points voisins sur la sphère déterminent un unique grand cercle, il existe des couples de points pour lesquels ce n'est plus vrai. Ainsi par le pôle nord et le pôle sud passent plus d'un grand cercle. Il existe même une infinité de demi-cercles de même longueur, les méridiens, qui relient ces deux points. La géométrie sphérique n'est donc pas à proprement parler une géométrie non euclidienne même si, comme nous le verrons plus loin, elle est proche d'une telle géométrie.

Au début du dix-neuvième siècle, des mathématiciens de trois nations européennes découvrirent des géométries non-euclidiennes : Gauss lui-même, János Bolyai en Hongrie et Nicolaï Ivanovitch Lobatchevski en Russie. Chacun d'eux comprit qu'il était possible de construire une géométrie à deux dimensions avec des points et des géodésiques satisfaisant aux quatre premiers axiomes de la géométrie euclidienne mais pas au cinquième. Le postulat de la parallèle énonce que par tout point n'appartenant pas à une droite donnée, il passe exactement une droite ne la rencontrant pas. Il y a deux façons de violer ce postulat : en supposant que toute droite passant par ce point rencontre la droite donnée, ou en supposant qu'il existe plus d'une droite passant par ce point et ne rencontrant pas la droite donnée. Les auteurs de géométries non euclidiennes construisirent des systèmes basés sur ces deux substituts au cinquième axiome.

L'axiome remplaçant le postulat des parallèles en géométrie hyperbolique énonce que, par un point n'appartenant pas à une droite, il passe plusieurs droites ne la rencontrant pas.

Le choix de l'axiome énonçant que par un point n'appartenant pas à une droite donnée passent plusieurs droites non sécantes conduit à la *géométrie hyperbolique*. Les théorèmes qui furent démontrés par Bolyai et Lobatchevski parurent bien singuliers ; ils étaient pourtant tout aussi cohérents que ceux de la géométrie euclidienne. En revanche, les illustrations accompagnant leurs démonstrations étaient très différentes de celles du texte d'Euclide, et les mathématiciens recherchèrent des représentations visuelles qui rendissent cette nouvelle géométrie plus facile à comprendre. Un des commentateurs les plus appréciés de cette géométrie, en Angleterre comme dans son Allemagne natale, fut le physicien et physiologiste Hermann von Helmholtz. A la suite de Gauss, il utilisa l'analogie dimensionnelle afin d'indiquer une façon de se représenter une géométrie non euclidienne à deux dimensions.

Helmholtz proposa à ses lecteurs d'imaginer une créature bidimensionnelle qui glisserait sur la surface d'une statue de marbre en y mesurant des longueurs d'arcs et des angles. Considérons par exemple un ver plat vivant à la surface d'une colonne cylindrique : il constaterait que la somme des angles de toute région limitée par trois géodésiques vaut 180 degrés, comme dans le plan. En revanche, si la colonne avait la forme d'une longue trompette, le ver arpenteur élaborerait une géométrie intrinsèque très différente. La surface évoquée par Helmholtz est un secteur de la *pseudosphère*, inventée par le géomètre italien Eugenio Beltrami. Bien que cette surface possède un bord, elle illustre la plupart des propriétés importantes de la géométrie hyperbolique. Les quatre premiers axiomes y sont vérifiés et le cinquième est remplacé par l'énoncé suivant : étant donnés un point et une géodésique, il existe de nombreuses géodésiques passant par ce point et ne rencontrant pas la géodésique donnée ; une conséquence est que la somme des angles de tout triangle sur cette surface est strictement inférieure à 180 degrés.

Le choix du second axiome énonçant que par un point hors d'une droite on ne peut mener que des droites qui la rencontrent conduit à la *géométrie elliptique*. Celle-ci n'est pas sans rappeler la géométrie de la sphère, où deux grands cercles distincts sont nécessairement sécants. Le problème de la géométrie sphérique est que ces deux géodésiques se coupent en deux points. Une solution radicale consiste à éliminer la moitié des points de la sphère et à ne conserver que ceux d'un hémisphère, par exemple l'hémisphère sud, sans l'équateur. Dans cette nouvelle géométrie où les points sont ceux de l'hémisphère sud et où les droites sont les arcs de grands cercles sur cet hémisphère, on mène par deux points distincts une droite unique. Le premier axiome est vérifié, le troisième et le quatrième également, mais pas le cinquième puisqu'un tel hémisphère contient des triangles dont la somme des angles dépasse 180 degrés.

Cette géométrie pose cependant un nouveau problème : le deuxième axiome n'est plus vérifié, puisque les demi-grands cercles contenus dans l'hémisphère sud sont limités par leurs points extrêmes sur l'équateur et ne

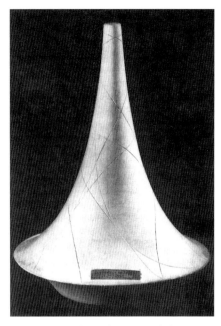

Un modèle en plâtre d'un secteur de la pseudosphère de Beltrami datant du dix-neuvième siècle.

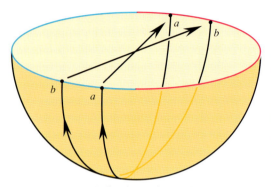

La géométrie d'un hémisphère où les points dia-métralement opposés de l'équateur coïncident constitue un modèle de géométrie elliptique.

peuvent donc être indéfiniment prolongées. Cette difficulté fut surmontée par une autre proposition radicale : aux points de l'hémisphère sud, nous ajoutons la moitié des points de l'équateur, par exemple les points situés à l'est. Lorsqu'un point décrivant un demi-grand cercle de l'hémisphère sud atteint l'équateur, il saute instantanément à l'antipode et continue à décrire le même grand arc ! Pour que cette solution soit recevable, il faut considérer que le point de l'équateur à zéro degré de longitude ne fait qu'un avec le point opposé, à 180 degrés de longitude. Chose étonnante, ce bricolage fonctionna : en utilisant les points d'une moitié de la sphère, on parvint à construire une géométrie où les droites sont des arcs de grands cercles et où la somme des angles d'un triangle quelconque est supérieure à 180 degrés.

En géométrie elliptique, tout se passe comme si deux points diamétrale-ment opposés de la sphère n'étaient qu'un seul et même point, aussi ne s'inté-resse-t-on qu'à celui situé dans l'hémisphère sud. Cette géométrie rappelle celle des droites de l'espace à trois dimensions passant par l'origine, que nous avons mentionnée au chapitre sept. En identifiant chaque droite au couple de points diamétralement opposés où elle rencontre la sphère unité, nous don-nons une nouvelle interprétation de la géométrie hémisphérique, liée à la géométrie des droites ainsi qu'à la géométrie projective.

Cette aménagement de la géométrie sphérique a d'étranges effets au voi-sinage de l'équateur, chaque point de l'équateur étant confondu avec son antipode, de l'autre côté de la sphère. Ceux qui essayèrent de visualiser ce phénomène parvinrent à faire coïncider les points opposés en enroulant l'équateur sur lui-même ; mieux, ils réussirent à enrouler sur elle-même une étroite bande de la surface de la sphère contenant l'équateur. Cette opération exige toutefois une torsion d'un demi-tour, et elle n'est pas réalisable avec la totalité de l'hémisphère sud. La nouvelle géométrie fonctionnait néanmoins très bien, indépendamment du fait qu'elle ne soit pas représentable dans l'espace à trois dimensions. Heureusement, les mathématiciens de cette époque savaient où construire cette nouvelle géométrie : il suffisait de passer dans la quatrième dimension.

On attache chaque point de l'équateur au point diamétralement opposé en tordant l'équateur d'un demi-tour puis en le repliant sur lui-même.

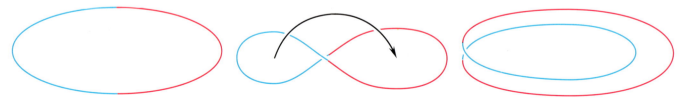

Géométrie non-euclidienne à trois dimensions

Bolyai, Lobatchevski et Gauss avaient inventé des géométries non-euclidiennes à deux dimensions où l'espace au voisinage d'un point quelconque ressemblait à une portion de plan. Pour connaître la courbure d'un tel espace, il suffit d'y effectuer des mesures soigneuses, mais si la courbure n'est pas assez prononcée ou si nous traçons des triangles trop petits, nous risquons de ne pas remarquer que la géométrie intrinsèque n'est pas euclidienne. Pour mieux comprendre ces contraintes, revenons à Gauss et à ses activités d'arpenteur. S'il se limite à des régions du globe assez petites, la somme des angles d'un triangle sera bien égale à 180 degrés, compte tenu de l'incertitude inhérente aux instruments de mesure, et ce n'est que pour un triangle assez grand que la différence sera appréciable.

L'idée qu'il puisse y avoir différentes sortes de géométries sur des surfaces était déjà étrange, mais la possibilité de géométries différentes de l'espace à trois dimensions était plus dérangeante encore. N'y avait-il pas une seule façon de concevoir l'espace ? C'était du moins le point de vue des continuateurs d'Emmanuel Kant, qui considéraient toute autre solution comme impensable. Ces préventions n'arrêtèrent pas Gauss : non seulement il envisagea la possibilité d'un espace non euclidien à trois dimensions, mais il se demanda également si un tel modèle pouvait représenter la véritable structure de l'espace dans lequel nous vivons.

Et si notre espace était courbe plutôt que plat ? La découverte fondamentale de Gauss était que les habitants d'un espace pouvaient en connaître la «forme» en effectuant la somme des angles de triangles, que cet espace soit à deux ou à trois dimensions. Pour montrer que l'espace usuel n'est pas euclidien, il suffisait de trouver un triangle dont la somme des angles diffère suffisamment de 180 degrés pour que cette différence soit mesurable. Gauss entreprit de mesurer les angles du plus grand triangle qu'il pût trouver. Il ne voulait pas que ce triangle soit à la surface de la terre, puisqu'il savait que la somme des angles d'un triangle sphérique est supérieure à 180 degrés. Afin de disposer des lignes les plus droites possibles dans l'espace, il utilisa des rayons lumineux. Il fit allumer des feux sur les sommets de trois hautes montagnes, afin que la courbure de la terre n'empêche pas les rayons lumineux de parvenir aux observateurs situés sur chacun des sommets. Les assistants de Gauss mesurèrent les angles, mais l'expérience ne fut pas concluante : la somme des angles valait 180 degrés, aux erreurs expérimentales près. Il est difficile de prouver que la somme des angles d'un triangle de rayons lumineux est exactement de 180 degrés. Même un ordinateur moderne ne saurait établir que deux nombres sont exactement égaux, bien qu'il puisse vérifier assez facilement qu'ils le sont jusqu'à une certaine décimale.

Nous ne savons pas encore si notre espace tridimensionnel satisfait ou non aux axiomes de la géométrie euclidienne ; en revanche, nous savons que les rayons lumineux ne sont pas assimilables aux droites de cette géométrie. Une des découvertes fondamentales de la physique du vingtième siècle est que les rayons de lumière sont déviés lorsqu'ils passent à proximité d'objets massifs. Imaginons que nous ayons choisi un triangle aux dimensions astronomiques et que nous mesurions l'angle formé par deux rayons de lumière stellaire : ces rayons seraient d'autant plus courbés qu'ils passeraient près d'une étoile, et de telles courbures modifieraient la somme des angles du triangle. Cela ne signifie pas que notre géométrie tridimensionnelle est non-euclidienne, mais que nous devons être prudents quand nous l'appliquons à l'étude des rayons lumineux voyageant dans l'espace interstellaire.

Géométries euclidiennes de dimensions supérieures

A l'époque où l'on admit l'idée de géométries non-euclidiennes, on se rendit compte qu'il pouvait y avoir des géométries de dimensions supérieures à trois. Certains commentateurs ne distinguèrent pas les deux notions et supposèrent que toute géométrie de dimension supérieure à trois était non-euclidienne. Cependant les mathématiciens comprirent vite qu'il y avait une différence essentielle entre ces deux notions et qu'il n'y avait pas d'obstacles à ce qu'une géométrie de dimension supérieure à trois reposât sur des axiomes analogues à ceux d'Euclide, de sorte que la somme des angles de tout triangle dans cet espace soit précisément égale à 180 degrés.

L'allemand Hermann Grassmann fut l'un des premiers à construire une géométrie complète de dimension supérieure à trois, suivi en Angleterre par Arthur Cayley et John Sylvester, entre autres. Ils décrivirent une géométrie à quatre dimensions dont les objets de base étaient les points, les droites (déterminées par des couples de points), les plans (déterminés par des triplets de points non alignés) et les hyperplans (déterminés par des quadruplets de points non coplanaires). Ils garantirent l'accès à la dimension supérieure en ajoutant un autre axiome : étant donné un hyperplan tridimensionnel quelconque, il existe des points en dehors.

En géométrie dans l'espace, l'axiome correspondant au postulat de la parallèle énonce que par tout point hors d'un plan passe un et un seul plan ne rencontrant pas le premier plan. En dimension quatre, cet axiome devient : par tout point hors d'un hyperplan passe un et un seul hyperplan ne rencontrant pas le premier hyperplan. En géométrie plane, par un point d'une droite passe une unique droite perpendiculaire à la première ; en géométrie dans l'espace, par un point d'une droite passe une infinité de droites perpendiculaires à la droite initiale, définissant un plan perpendiculaire à cette droite en ce point. En dimension quatre, l'ensemble des droites perpendiculaires à une droite donnée en un point donné définit un hyperplan.

Dans l'espace euclidien, par un point d'un plan passe une et une seule droite perpendiculaire à ce plan. En dimension quatre, par un point d'un plan passe une infinité de droites rencontrant le plan à angle droit, et dont la réunion forme un plan perpendiculaire au premier ; l'intersection de ces deux plans est réduite au point donné.

Il peut sembler surprenant que dans l'espace à quatre dimensions deux plans totalement perpendiculaires n'aient qu'un point commun (voir le diagramme page 150). Nous acceptons difficilement cette idée parce que nous avons du mal à la visualiser. En réalité, il n'est pas si facile de voir qu'une droite de l'espace usuel est perpendiculaire à un plan. Si le plan est opaque, la droite semble descendre vers le plan et disparaître derrière lui. S'il est semi-transparent, nous voyons la droite changer de couleur au point où elle le traverse. Pour nous assurer que la droite est bien perpendiculaire, nous faisons pivoter l'ensemble. Si nous dessinons un carré dans le plan et que nous le regardons «de face», la droite perpendiculaire apparaîtra comme un point. Nous pouvons procéder de la même façon en dimension quatre à l'aide d'un ordinateur. Nous commandons la rotation des deux plans perpendiculaires dans l'espace à quatre dimensions jusqu'à ce que l'image sur l'écran se réduise à l'un des plans, l'autre apparaissant comme un point. Le lecteur trouvera un exposé des résultats de la géométrie synthétique à quatre dimensions dans l'ouvrage de Henry Parker Manning, *Geometry of Four Dimensions*.

Finalement les idées fondamentales de Gauss et le développement de géométries analytiques de dimensions supérieures conduisirent Bernhard Riemann à une très belle théorie générale, introduisant la notion de variété à *n* dimensions dotée d'une métrique, une règle pour attribuer des longueurs aux chemins. Cette généralisation riche de conséquences changea la manière dont les mathématiciens concevaient l'espace et jeta les bases indispensables à l'invention de la théorie de la relativité. S'inspirant de ces méthodes analytiques, certains mathématiciens adoptèrent une approche purement formelle de la géométrie, indépendante de la manière traditionnelle d'envisager les objets géométriques. Si elles ont rendu la géométrie moins intuitive, ces méthodes nous ont permis de visualiser des objets de dimensions supérieures, car elles sont à la base des programmes qu'exécutent les ordinateurs graphiques.

Henry Parker Manning, de l'université Brown, écrivit Geometry of Four Dimensions *en 1914, et fut l'éditeur de* The Fourth Dimension Simply Explained *en 1910.*

Dans l'espace tridimensionnel, il existe une infinité de droites perpendiculaires à une droite donnée en un point donné ; elles définissent le plan perpendiculaire à cette droite en ce point.

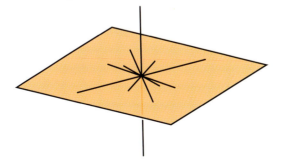

Emmanuel Kant et la non orientabilité

Ce n'était pas seulement l'apparition des nouveaux systèmes d'axiomes des géométries non-euclidiennes qui troublait les épigones de Kant. Une autre controverse naquit autour d'une notion géométrique totalement différente : *l'orientabilité*. Deux figures du plan sont dites superposables si nous pouvons déplacer l'une des figures jusqu'à ce qu'elle coïncide exactement avec l'autre. Il suffit d'imaginer que les deux figures sont dessinées sur deux feuilles transparentes glissant l'une sur l'autre.

Dans la géométrie traditionnelle, deux figures superposables sont isométriques, mais l'inverse n'est pas vrai : deux figures isométriques ne sont pas toujours superposables. Un des principaux théorème d'Euclide concernant les triangles énonce que si les côtés d'un triangle sont de même longueur que ceux d'un autre triangle, alors les deux triangles sont isométriques. Toutefois, si nous considérons un triangle rectangle dont les côtés sont de longueurs différentes et son image par une symétrie axiale (un miroir dans *Flatland*), nous voyons que les deux triangles ne sont pas superposables, bien que leurs côtés correspondants soient égaux. En effet, si nous déplaçons l'un des triangles afin de faire coïncider deux côtés de même longueur, les deux triangles se trouveront de part et d'autre de la droite contenant leur arête commune.

Kant aurait qualifié ces deux triangles isométriques mais non superposables de paire *énantiomorphe*. Cette notion n'a de sens que dans la géométrie du plan : si nous considérons ces mêmes triangles dans l'espace, nous voyons qu'il est possible d'amener l'un des triangles sur l'autre par une rotation, comme on tourne les pages d'un livre.

Il s'ensuit que la définition de la paire énantiomorphe est liée à la dimension de l'espace dans lequel nous opérons. Prenons par exemple une telle paire d'objets dans l'espace. Au lieu d'un triangle rectangle, considérons une

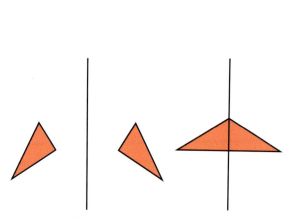

Deux triangles scalènes symétriques par rapport à une droite (à gauche) ne sont pas superposables dans le plan (à droite).

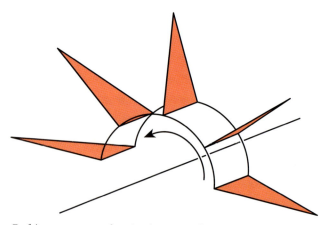

En faisant tourner un des triangles autour d'une droite dans l'espace, on arrive à le superposer au triangle symétrique.

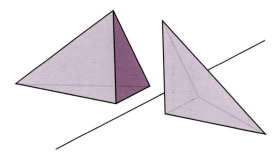

Cette pyramide et son image dans un miroir sont isométriques mais non superposables.

pyramide décentrée obtenue en découpant un coin d'un parallélépipède rectangle dont les arêtes sont de trois longueurs différentes. En découpant un autre coin du parallélépipède, nous obtenons une seconde pyramide décentrée dont les arêtes ont la même longueur que celles de la première pyramide. Bien que leurs faces triangulaires correspondantes soient congruentes, les deux pyramides ne sont pas superposables. Elles sont images l'une de l'autre dans un miroir, semblables mais différentes telles nos deux mains.

Afin d'illustrer sa conception d'un espace absolu, Kant prit l'exemple d'une main détachée d'une statue. Nous déterminons aisément s'il s'agit d'une main droite ou gauche en essayant de la serrer. Supposons que la main nous soit décrite par la situation de ses différentes parties les unes par rapport aux autres. Faute de pouvoir nous en approcher, nous ne saurions pas de quel côté elles proviennent, car une telle description conviendrait à la main droite comme à la main gauche. Kant proposa une expérience de pensée plus radicale : supposons que cette main soit le seul objet dans l'univers. Cela aurait-il encore un sens de parler de main droite ou de main gauche ? «Si l'on admet [...] que l'espace consiste seulement dans des rapports extérieurs des parties coexistantes de la matière, alors l'espace réel serait seulement celui que cette main occupe. Mais, puisqu'il n'y a aucune différence dans les rapports de ses parties entre elles, qu'elle soit la main droite ou la main gauche, cette main serait [...] tout à fait indéterminée [...], ce qui est impossible.»

Ce problème ne se pose que si nous nous limitons à l'espace à trois dimensions. De même que nous pouvons transformer un triangle en son image dans un miroir par une rotation autour d'une droite dans l'espace usuel, nous pouvons transformer une main de marbre en son image dans un miroir par une rotation autour d'un plan dans l'espace à quatre dimensions. De même qu'il est absurde d'affirmer que la silhouette d'une main, découpée dans une feuille de papier aux faces identiques, est celle d'une main droite ou d'une main gauche, il serait absurde de qualifier de droite ou de gauche une main de marbre flottant dans l'espace à quatre dimensions. Aujourd'hui encore, cette réponse ne satisfait pas les continuateurs de Kant.

Rubans de Möbius,
plans projectifs réels et bouteilles de Klein

Il existe une autre manière de créer des objets non orientables, non pas en changeant la dimension, mais en altérant la forme de l'espace. En 1840, August Möbius inventa une surface qui porte désormais son nom : le ruban de Möbius. Cet objet s'obtient en collant ensemble les côtés verticaux d'un long rectangle après l'avoir tordu d'un demi-tour, de sorte que le coin supérieur d'un côté du rectangle soit attaché au coin inférieur de l'autre côté. La surface obtenue n'a qu'un seul bord. Supposons qu'elle soit faite d'un matériau poreux : une figure tracée à l'encre sur un côté traverserait le ruban, ne nous laissant aucun moyen de savoir sur quel côté elle fut initialement dessinée. Si nous faisons glisser le long du ruban un triangle tracé sur, ou plutôt *dans* cette bande bidimensionnelle, il coïncidera au bout d'un tour avec son image dans un miroir. Les paires énantiomorphes n'existent pas sur un ruban de Möbius.

Le ruban de Möbius est un exemple d'espace non orientable, où nous ne pouvons pas distinguer un objet de son image dans un miroir. En conséquence, une surface est dite non orientable si elle contient une de ces boucles inversant l'orientation. Quel choc pour les habitants de *Flatland* si un explorateur, de retour d'expédition, ramenait tous ses outils pour droitiers transformés en outils pour gauchers. Ce scénario est longuement développé dans un excellent ouvrage traitant des géométries alternatives, *The Shape of Space* de Jeffrey Weeks. Comme nous savons tout compte fait peu de choses sur la structure à grande échelle de notre univers, il se pourrait qu'un explorateur

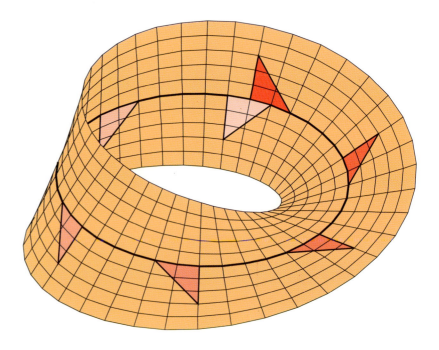

Sur un ruban de Möbius, un triangle scalène et son image dans un miroir sont superposables.

interstellaire du futur découvre une boucle d'inversion dans notre propre espace tridimensionnel, qui transforme nos tire-bouchons, nos mains droites en marbre et autres objets pour droitier en objets pour gauchers. Ceci découragerait sans doute les épigones futurs de Kant !

Dans l'espace à quatre dimensions, nous pouvons construire deux surfaces remarquables contenant des rubans de Möbius. Toutes deux ont l'importante propriété d'être sans bord, telle une sphère. La première, nommée *plan projectif réel*, s'obtient en attachant le bord d'un disque au bord d'un anneau de Möbius. La seconde s'obtient en collant deux rubans de Möbius par leurs bords ; cette surface non orientable est nommée *Bouteille de Klein*, du non du mathématicien allemand Felix Klein.

Nous avons déjà décrit le plan projectif réel dans ce chapitre, lors de la présentation de la géométrie elliptique. Nous le construisions à partir de l'hémisphère sud en faisant coïncider les points opposés de l'équateur. Considérons une étroite bande de la surface de l'hémisphère qui contienne un arc de grand cercle passant par le pôle sud : nous voyons qu'il faut tordre cette bande avant d'en rattacher les extrémités, formant ainsi un ruban de Möbius. Le reste de l'hémisphère consiste en deux demi-disques que nous rattachons ; nous formons ainsi un disque dont le bord coïncide avec celui de l'anneau de Möbius. Il est donc possible de décrire l'espace de la géométrie elliptique, l'hémisphère sud où les points opposés de l'équateur coïncident, comme un disque attaché à un ruban de Möbius, c'est-à-dire un plan projectif réel.

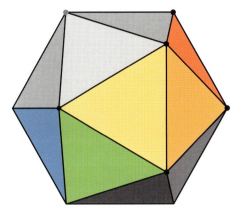

On construit le plan projectif réel à partir d'un demi-icosaèdre dont les côtés opposés du bord hexagonal sont rattachés après une torsion d'un demi-tour.

Une des façons les plus simples de visualiser la construction d'une surface quelconque est de l'imaginer formée de triangles. Au lieu de nous servir d'une demi-sphère, nous pouvons construire un plan projectif réel à partir des dix triangles d'un demi-icosaèdre régulier. Le bord de cette surface est formé de six côtés ; chacun doit être attaché au côté opposé après avoir subi un demi-tour, laissant un bord réduit à trois sommets. Comme il y a trois autres sommets non situés sur le bord, nous obtenons une représentation du plan projectif réel qui ne compte que six sommets et dix triangles. Une bande de cinq triangles joignant un côté du bord au côté opposé, tordue d'un demi-tour et fermée par la réunion de ses extrémités, forme un anneau de Möbius. Cet anneau contient cinq des six sommets, et les cinq triangles restants s'assemblent en un disque autour du sixième.

Essayons de construire un plan projectif réel dans l'espace. Nous obtenons un ruban de Möbius à cinq sommets en choisissant cinq triangles dans la projection d'un simplexe de dimension quatre, comme indiqué sur la figure. Le bord de cet anneau définit un pentagone dans l'espace. Afin d'associer les cinq triangles restants sans couper les triangles déjà placés, nous devons trouver un point d'où nous puissions voir les cinq côtés du bord pentagonal sans qu'aucun des triangles colorés ne les cache. Un tel point de vue n'existe pas dans l'espace à trois dimensions, mais existe en dimension quatre. De même que de notre espace nous voyons toutes les pièces d'une maison de *Flatland*, d'un point de l'espace à quatre dimensions, nous verrions

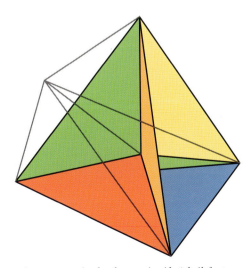

Pour construire le plan projectif réel, il faut relier le bord d'un ruban de Möbius à un point sans couper les cinq triangles du ruban. Cette opération n'est possible qu'en dimension quatre.

simultanément tous les points de l'espace usuel. Nous relierions aisément un tel point aux cinq côtés du bord de l'anneau de Möbius sans couper aucun des triangles, formant ainsi les cinq triangles manquants. Il est donc possible de construire un plan projectif réel dans l'espace à quatre dimensions, alors que c'est impossible en dimension trois. Nous obtenons un exemple plus symétrique de plan projectif réel en prenant dix des 20 triangles équilatéraux déterminés par les six sommets d'un simplexe régulier de dimension cinq.

Un théorème remarquable énonce que dans l'espace à trois dimensions, toute surface sans bord contenant un anneau de Möbius est auto sécante. La raison de ce comportement n'est pas évidente ; afin de l'expliquer, nous allons utiliser une analogie dimensionnelle. Sur un anneau de Möbius, il est possible de trouver deux courbes fermées qui se coupent en un seul point, ce qui est impossible dans le plan où deux courbes fermées et sécantes se coupent un nombre pair de fois. Nous en déduisons qu'il est impossible de construire un ruban de Möbius dans le plan. Considérons un ruban de Möbius dans l'espace : en suivant une trajectoire proche de la ligne centrale du ruban, nous arrivons en un point opposé au point de départ, de l'autre côté du ruban. Si nous relions ces deux points en traversant la surface, nous obtenons une courbe fermée de l'espace qui rencontre l'anneau en exactement un point. Si le ruban de Möbius était découpé dans une surface sans bord, tels un plan projectif réel ou une bouteille de Klein, cette construction donnerait une courbe fermée de l'espace rencontrant la surface sans bord en un seul point. Or, en dimension trois, une courbe fermée et une surface sans bord quelconques se rencontrent un nombre pair de fois. Il est donc impossible de construire dans l'espace tridimensionnel une surface sans bord non orientable qui ne se recoupe pas elle-même.

Un autre exemple très important de surface non orientable est la bouteille de Klein. Les instructions pour construire une bouteille de Klein sont assez simples : nous partons d'un rectangle, nous collons les côtés horizontaux sans torsion, et nous collons les côtés verticaux en tournant l'un des côtés d'un demi-tour. En dimension trois, nous pouvons réaliser le premier ou le second des collages, mais pas les deux à la suite. Comme ces instructions correspondent à la construction d'une surface sans bord contenant un ruban de Möbius, nous concluons d'après le théorème énoncé précédemment qu'il est impossible de construire dans l'espace usuel une bouteille de Klein qui ne soit pas auto sécante. Le lecteur ne sera pas surpris d'apprendre qu'une telle construction est possible en dimension quatre. Nous partons par exemple de l'anneau de Möbius à cinq sommets décrit précédemment et nous le déplaçons perpendiculairement aux trois directions de l'espace tridimensionnel initial. Au cours de ce déplacement, les cinq côtés du bord pentagonal de l'anneau de Möbius engendrent cinq carrés. Ceux-ci relient le bord du ruban de Möbius dans l'espace initial au bord du ruban dans l'espace final, l'ensemble formant une bouteille de Klein, construite dans l'espace à quatre dimensions sans auto-intersection.

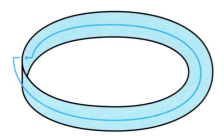

Une courbe fermée de l'espace située au voisinage de la ligne centrale d'un anneau de Möbius traverse ce dernier un nombre impair de fois.

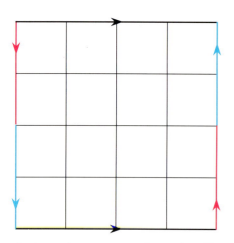

Les instructions pour construire une bouteille de Klein sont les suivantes : attacher les côtés horizontaux du rectangle pour former un cylindre ; attacher les côtés verticaux avec une torsion d'un demi-tour pour construire un anneau de Möbius.

Pendant de nombreuses années, on tenta de construire dans l'espace usuel des modèles de bouteilles de Klein sans auto-intersection, et à chaque fois il fallut accepter que la surface passe au travers d'elle-même. Des souffleurs de verre réalisèrent des bouteilles de Klein en faisant passer une partie tubulaire de la surface par un orifice circulaire dans le corps de la bouteille. L'illustration au début de ce chapitre montre l'un de ces modèles en verre. Nos travaux en géométrie à quatre dimensions nous ont suggéré une autre construction : au lieu de partir d'un cylindre de révolution, nous commençons par replier la surface en la faisant se couper elle-même pour former un cylindre «en huit». Nous refermons alors ce cylindre en collant ses extrémités, après une torsion d'un demi-tour pour faire correspondre les points opposés des deux bords, satisfaisant ainsi aux conditions requises pour la confection d'une bouteille de Klein. En modélisant ces surfaces sur un écran d'ordinateur, nous nous sommes aperçus qu'il était plus facile de décrire la bouteille de Klein à section «en huit» que la version des souffleurs de verre. Les ordinateurs nous donnent la possibilité de construire ces objets étranges dans l'espace à quatre dimensions, puis de les étudier en les projetant dans notre propre espace. C'est avec ce dernier aperçu de la quatrième dimension que nous terminons notre voyage dans les dimensions supérieures.

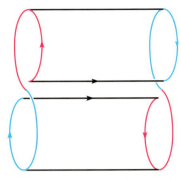

En repliant le bord supérieur du rectangle vers l'avant et le bord inférieur vers l'arrière, nous obtenons un cylindre à section «en huit» qui se coupe lui-même le long d'une ligne.

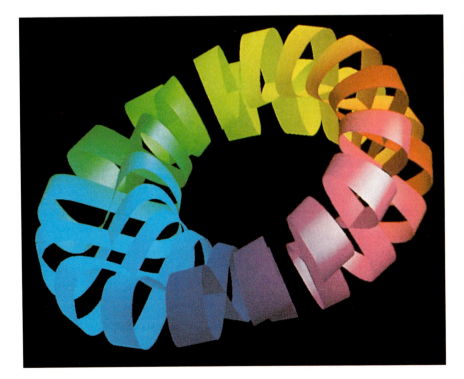

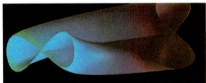

Pour obtenir une bouteille de Klein «en huit» à partir de ce cylindre, nous devons tourner l'une de ses extrémités en «huit» d'un demi-tour avant de la coller sur l'autre. Cette image créée par ordinateur montre la bouteille de Klein avant la réunion des extrémités.

Cette image créée par ordinateur montre une bouteille de Klein «en huit», projection de l'espace à quatre dimensions dans notre espace.

BIBLIOGRAPHIE

Flatland, par E. A. Abbott, éditions Denoël, 1984.

La quatrième dimension, par R. Rucker, éditions du Seuil, 1985.

L'univers ambidextre, par M. Gardner, éditions du Seuil, 1985.

Le paradoxe du pendu, par M. Gardner, éditions Dunod, 1971.

Math's festival et *Math's circus*, par M. Gardner,
Bibliothèque *Pour la Science*, 1981 et 1982.

Les fractals : voyage dans la 2,5^e dimension, par I. Stewart,
éditions Belin, 1982.

Les objets fractals : forme, hasard et dimension,
par B. Mandelbrot, éditions Flammarion, 1995.

Selected writings of C. H. Hinton, édité par R. Rucker,
Dover, New York, 1980.

Sphereland, par D. Burger, Harper & Row, New York, 1983.

The Planiverse, par A. Dewdney, Poseidon Press, New York, 1984.

La République, Platon, œuvres complètes, Bibliothèque de la Pléiade,
Gallimard, 1971.

*Hypergraphics : Visualizing Complex Relationships in Art,
Science, and Technology*, édité par D. Brisson, Westview Press, 1978.

Exploratory Data Analysis, par J. Tukey, Addison-Wesley,
Don Mills, Canada, 1977.

The Visual Display of Quantitative Information, par E. Tufte,
Graphics Press, 1983.

La Maison Biscornue, in *Le Livre d'or de la science-fiction :
Robert Heinlein*, éditions Press Pocket, 1981.

Formes, espace et symétries, par A. Holden, éditions CEDIC, 1977.

Regular Polytopes, par H. S. M. Coxeter, Dover, New York, 1973.

Regular Complex Polytopes, par H. S. M. Coxeter,
Cambridge University Press, Cambridge, 1974.

Récréations informatiques : Démence à quatre dimensions,
par A. Dewdney, Pour la Science n°104, juin 1986.

Topology and Mechanics, par H. Koçak, F. Bisshopp, D. Laidlaw et T. Banchoff, *Advances in Applied Mathematics*, vol. 7, pp.282-308, 1986.

The Fourth Dimension and Non-Euclidian Geometry in Modern Art, par L. Henderson, Princeton University Press, Princeton, 1983.

Geometry and the Imagination, par D. Hilbert et S. Cohn-Vossen, Chelsea, New York, 1952.

Shaping Space, édité par M. Senechal et G. Fleck, Birkhäuser, Basel, Suisse, 1988.

Linear Algebra through Geometry, par T. Banchoff et J. Wermer, Springer-Verlag, New York, 1983.

La géométrie non-euclidienne, par M. A. Buhl et P. Barbarin, éditions J. Gabay, 1990.

Sur les hypothèses qui servent de base à la géométrie, Bernhard Riemann, œuvres complètes, éditions Blanchard, 1969.

Mathématiques et formes optimales, par S. Hildebrandt et A. Tromba, Collection L'univers des sciences, éditions Pour la Science, 1986.

The shape of Space, par J. Weeks, Marcel Dekker, 1985.

Geometry of Four Dimensions, par H. P. Manning, Dover, New York, 1956.

The Fourth Dimension Simply Explained, par H. P. Manning, Dover, New York, 1960.

Du premier fondement de la différence des régions de l'espace, in *Quelques opuscules précritiques*, textes d'Emmanuel Kant, éditions Vrin, 1970.

Cassettes vidéo :

The Hypercube : Projections and Slicing, à commander à International Film Bureau, 332 South Michigan Avenue, Chicago, Illinois 60604.

The Hypersphere : Foliation and Projections et *Fronts and Centers*, à commander à Thomas Banchoff Productions, Box 2430, East Side Station, Providence, Rhode Island 02906.

RÉFÉRENCES DES ILLUSTRATIONS

p. 8 George Wright, Widenfeld and Nicolson, Ltd ● p. 19 (h) Deutsches Museum ● p. 20 Robert Ivy/Ergenbright Photography ● p. 22 Keith H. Murakami/Tom Stack and Associates ● p. 29 (h) Byron Crader/Ric Ergenbright Photography ● p. 38 Tiré de *The Rhind Mathematical Papyrus*, édité par A. B. Chace et H. P. Manning, Mathematical Association of America, 1927 et 1929 ● p. 42 Ric Ergenbright Photography ● p. 44 Dr. Alfred Moon, Hôpital de Rhode Island ● p. 45 (h) Archives de la City of London School ● p. 47 Dr. Alfred Moon, Hôpital de Rhode Island ● p. 52 (h) Susan Schwartzenberg/Exploratorium ● p. 63 (b) Louise Morse ● p. 68 Scala/Art Resource ● p. 71 (b) réalisé avec le logiciel Evans and Sutherland par Peter Atherton, Kevin Weiler et Donald Greenberg au Département des images de synthèse de l'Université Cornell ● p. 72 Donald Greenberg ● p. 75 Tony Robbin ● p. 83 (b) Joan W. Nowicke, Smithsonian Institute ● p. 84 Tiré de T. Webb III, E. J. Cushing and H. E. Wright, Jr., «Holocene Changes in the Vegetation of the Midwest.» *Late-Quaternary Environments of the United States*, édité par H. E. Wright, Jr., Vol. 2, p. 151, University of Minnesota Press, Minneapolis, 1983 ● p. 86 Tiré de T. Webb III, E. J. Cushing, and H. E. Wright, Jr., «Holocene Changes in the Vegetation of the Midwest.» *Late-Quaternary Environments of the United States*, édité par H. E. Wright, Jr., Vol. 2, p. 154, University of Minnesota Press, Minneapolis, 1983 ● p. 87 Tiré de T. Webb III, E. J. Cushing, and H. E. Wright, Jr., «Holocene Changes in the Vegetation of the Midwest.» *Late-Quaternary Environments of the United States*, édité par H. E. Wright, Jr., Vol. 2, p. 153, University of Minnesota Press, Minneapolis, 1983 ● p. 88 Tom Webb et Sarah Stead ● p. 89 Tom Webb et Sarah Stead ● p. 90 Ric Ergenbright Photography ● p. 106 (g) Musée des Sciences de l'Institut Franklin, Philadelphie (d) tiré de H. S. M. Coxeter, *Regular Complex Polytopes*, Cambridge University Press, 1974 ● p. 110 (d) José Yturralde ● p. 111 Metropolitan Museum of Art, don de la Fondation Chester Dale, 1955 (55.5) ● p. 114 Chaz Nichols ● p. 116 Collection de l'auteur ● p. 117 Art Ressource ● p. 118 (h) Lana Posner ● p. 119 Neil Leifer/Sports Illustrated ● p. 121 (b) Attilio Pierelli ● p. 124 Tiré de David Hilbert et Stefan Cohn-Vossen *Geometry and the Imagination*, Chelsea, 1952 ● p. 125 David Brisson, Rhode Island School of Design ● p. 126 Stanford University Museum of Art, 41.1018, Muybridge Collection ● p. 136 The Vermont Rehabilitation Engineering Center for Low Back Pain ● p. 139 The Vermont Rehabilitation Engineering Center for Low Back Pain ● p. 140 Collection de l'auteur ● p. 141 Carl Yarborough ● p. 144 Richard Gould ● p. 145 Tiré de Richard A. Gould et John E. Yellen, «Man the Hunted», *Journal of Anthropological Archaeology*, Vol. 6, p.s 17-103, 1987 ● p. 148 © The Phillips Collection, Washington, D.C. ● p. 162 Collection de l'auteur ● p. 166 Richard Schoenbrun ● p. 174 (b) Dwight Kuhn ● p. 184 (h) Bouteille de Klein, par le Dr. William D. Clark III, El Segundo, CA; photographie de Chip Clark ● p. 186 (h) Bibliothèque John Hay, Université Brown ● p. 188 Deutsches Museum ● p. 190 Deutsches Museum ● p. 193 Tiré de Gerd Fischer, *Mathematical Models*, Vieweg-Verlag, 1986 ● p. 197 (h) Archives de l'Université Brown

Imprimé en France par I.M.E. - 25110 Baume-les-Dames
Dépôt légal : Février 1996
N° d'édition : 1883-01 - N° impression : 10566